Das große Welpen-buch

für Familien

Hester M. Eick

Ulmer

Das große
Welpen-
buch

für Familien

Hester M. Eick

So funktioniert's
mit Kind & Hund

Inhalt

Vorwort 6

Unser Welpe

Das Abenteuer beginnt – wir suchen unseren Welpen aus! 10

Rassencheck 12

Gut geplant ist halb gewonnen! 20

Spezial: Die sechs Phasen der Welpen-entwicklung 26

Let's go shopping 30

Story Einkaufsmarathon 32

In den Startlöchern 34

Der Welpe ist da!

Das Abenteuer geht weiter – unser Welpe zieht ein! 38

Story Paulchen und wir – unser erster gemeinsamer Tag 42

Hausregeln 46

Sozialisierung und Spiel 58

Ausbildung

Was Hänschen nicht lernt... 66

Spezial: Opportunist Hund 70

Hilfsmittel 106

Der ganz normale Alltagswahnsinn 108

Story Hilfe, Paulchen zahnt! 110

Typische Katastrophen mit dem kleinen Knirps 112

Spezial: Strafe muss sein?! 120

Dagegen?! 146

Story Paulchen wird anstrengend 152

Schwangerschaft & Neugeborenes 154

Ab in die Wildnis

Der Wolf im Hundepelz? 158

Story Unterschiedliche Ansichten über die Wichtigkeit von Dingen 166

Hundum glücklich!

Büffel oder Salat? 170

Fit wie ein Turnschuh?! 178

Story Paulchens erster Tierarztbesuch 182

Die Super-Helfer 184

Omas Hausmittelchen 186

Zum Weiterlesen 188

Glossar 190

Schnell nachgeschlagen 191

Welpenerziehung

Grundübungen Must-haves

Stubenreinheit! 74

Bitte sagen! 76

Warte! 78

Nicht Hochspringen! 80

Leinenführigkeit 82

Decke! Box! Körbchen! 84

Parken! 86

Alleine sein können! 88

Grundübungen Nice-to-haves

Komm – immer! 90

Sitz! 92

Leg dich hin! 94

Abbruchsignal: Tabu! 96

Bring! 98

Leinen los: Freeze! 100

Bleib auf dem Weg! 102

ZUSAMMEN spazieren gehen 104

Kids only!

It's Playtime

echt erzieherische Maßnahme!

Dos & Dont's mit Hunden 52

Arme hoch! 124

Vier-Buchstaben-Platz! 126

It's magic! 128

Na, na! 130

Sei ein Stein! 132

Meister-Übung 134

It's Playtime
just for fun!

Leckerlispaß volles Rohr 44

Hütchen-Suchspiel 136

Pfötchen geben 138

Leckerlisuche im Gras 140

Eckstein, Schreckstein… 142

Über Stock und Stein 144

Vorwort

> Natürlich kann man ohne Hund
> leben, es lohnt sich nur nicht.
>
> Heinz Rühmann

Sie kennen das sicherlich, wenn Ihr Kind Sie wieder einmal mit seinen großen kugelrunden Augen ansieht: „Mami, aber Marie hat von ihren Eltern auch einen Hund geschenkt bekommen. Bitteee!" Irgendwann können Sie nicht mehr widerstehen und die eigenen Argumente klingen mit der Zeit auch für Sie irgendwie fad. Außerdem, gab es da nicht diese wissenschaftliche Studie, die besagt, dass Kinder, die mit Tieren aufwachsen, ein erwiesenermaßen besseres Sozialverhalten erlernen? Mit einem Hund im Haus gäbe es keine Ausreden mehr auf der Couch, vor dem Fernseher oder der Spielekonsole hocken zu bleiben. Ein Hund muss regelmäßig raus und das wird der ganzen Familie gut tun – und schon sitzen Sie gedanklich in Ihrem Auto, um sich die ersten Welpen anzusehen. Obwohl Sie es besser wissen. Sie ahnen, dass vermutlich fast alles an Ihnen hängen bleiben wird. In Ihrem Kopf kreisen bereits die Gedanken, wie Sie die ganzen Bälle, die Sie für sich und Ihre Familie in der Luft halten, neu zu sortieren haben. Und wie es so oft ist, werden viele Menschen in Ihrer Umgebung Ihnen (meist unaufgefordert) erzählen, wie Sie was und warum tun müssen, was Ihre Pflichten als künftige Hundebesitzerin sind: Der Welpe muss nach 2 Wochen stubenrein sein, sonst stimmt etwas nicht; auf jeden Fall ein Geschirr nehmen; Geschirre sind Nonsens – immer ein Halsband nehmen; der Hund muss vom ersten Moment an wissen, wer hier der Boss ist; Hunde sind gefühlvolle Wesen, die nur mit leiser Stimme angesprochen werden sollten; man muss in den ersten Wochen ein strammes Programm fahren, damit der Hund auch alles kennenlernt – vom Rasenmäher über die Straßenbahn, den Nachbarn, Flugzeuge, Amerika und die Anden, Tiger, Enten, Müllwagen und Kreissägen, …

Das klingt nach Stress? Lehnen Sie sich einfach zurück! Dieses Buch wird Ihnen helfen, Prioritäten zu setzen, Wichtiges von Unwichtigem zu unter-

scheiden und ein gutes Zeitmanagement zu betreiben. Es gibt viele Dinge, die Sie Ihrem Hund beibringen können und durchaus auch viele, die Sie Ihrem Hund beibringen sollten. Aber wie wir es auch wenden – ein Tag hat einfach nur 24 Stunden. In diesen 24 Stunden müssen wir Arbeit, Familie, Hobbys und Unvorhergesehenes unterbringen. Damit wir alles auch in Zukunft jonglieren können, tut es gut, zudem hin und wieder auch einmal durchzuschlafen. Egal, wie wir uns auf neue Familienmitglieder vorbereiten, es läuft einfach nicht immer optimal. Erfreuen Sie sich an neuen Herausforderungen. Sie sind dazu da, angepackt zu werden. Und: Es gibt für alles Lösungen – und Not-Lösungen.

Lernen heißt Neues auszuprobieren. Aus Fehlern lässt sich prima für das nächste Mal lernen. Nach bestem Wissen und Gewissen hat sich Weg A doch als suboptimal herausgestellt. Nehmen Sie sich die Zeit und überlegen Sie, warum Weg A nicht richtig für Sie und Ihre Familie ist. Versuchen Sie das nächste Mal Weg B oder Weg C. Das bekannte Sprichwort „Alle Wege führen nach Rom" stimmt ziemlich gut für die Hundeerziehung. Es gibt nicht nur den einen „richtigen" Weg, weil wir alle unterschiedlich sind – wir selbst, unsere Lebenssituation, unsere Hunde.

Wenn trotzdem alles drüber und drunter geht: Der Welpe ist nicht die Nummer 1 in der Familie. Zugegeben, das erste Hunde-Lebensjahr kann schon ganz schön anstrengend sein. Aber es lohnt sich, sich das erste Jahr intensiv und konsequent um den jungen Hund zu kümmern. Die Früchte ernten Sie dann später – Sie werden sehen! Ich zeige Ihnen dafür Wege auf, wie Sie Ihren Hund zu einem wertvollen Familienmitglied erziehen können. Und ich gebe Ihnen eine Menge Tipps und Tricks, wie Sie sich durch manche Übungen/Kommandos Ihren Familienalltag ungemein erleichtern können.

Unser Welpe

Wie finde ich unseren Familienwelpen? Natürlich kann es sein, dass Sie Ihren Welpen bereits ausgesucht haben. In diesem Fall können Sie die nachfolgenden Gedanken überspringen. Oder Sie lesen sie doch quer, um zu sehen, ob Sie den einen oder anderen Punkt bedacht haben.

Das Abenteuer beginnt – wir suchen unseren Welpen aus!

Sobald der Entschluss zu einem neuen Familienmitglied steht, wächst mit jedem Tag die Aufregung. Ein großes Abenteuer beginnt – erst recht auch für Ihre Kinder. An was sollte ich alles denken, was wann besorgen und wie stelle ich eigentlich sicher, welcher Welpe der Richtige für meine Familie ist?

Welche Rasse soll's denn sein?

Sobald für mich feststeht: Mein Herz wünscht sich einen Hund bzw. das Herz meiner Kinder– ist es eine gute Idee, alle Wunsch-Eigenschaften des idealen neuen Familienmitglieds aufzuschreiben.

Nehmen Sie sich einen Moment Zeit und überlegen, was Sie wollen. Was erwarten Sie von Ihrem Hund? Wie soll er sich in Ihre Familie eingliedern? Was können Sie von Ihren Kindern erwarten? Was erwarten Ihre Kinder von Ihnen? Was erwarten Ihre Kinder von Ihrem Hund? Gibt es Besonderheiten in Ihrem Alltag – den Besuch einer Haushälterin etwa, die ohne Sie ins Haus kommt?

Schauen Sie bitte nicht zu den Nachbarn oder in die beliebten „Top 10"-Listen, bevor Sie sich selbst ein Bild über die eigenen Bedürfnisse gemacht haben. Eine Dogge kann nämlich noch so toll für andere Familien sein – wenn ich selbst im 5. Stock eines Mehrfamilienhauses ohne Fahrstuhl lebe, ist dies eine ungünstige Wahl, allein schon, weil der Junghund noch die vielen Treppenstufen runter- und

übermütig

Dalmatiner

eigenwillig

Dackel

Gibt es eigentlich DEN Familienhund?

Ein „Jein" ist hier die ehrlichste Antwort. Letztendlich kommt es immer auf die Familie und die Lebensumstände an. Wenn wir den Familienhund nicht als Rasse, sondern als Charakter definieren, ist es einfacher. In den meisten Fällen rate ich Familien zu einem ruhigeren, großzügigen und in sich ruhenden Charakter. Ein solcher Charakter lässt sich vom zeitweiligen Familienchaos nicht so schnell beeindrucken. Viele Rassen bieten solche Charakterköpfe. Eine Auswahl stelle ich Ihnen in diesem Kapitel vor.

Check zum Traumhund

- [ ] Was will ich?
- [ ] Was benötige ich?
- [ ] Ist meine Familie aktiv und viel in der Natur?
- [ ] Soll der Hund langes oder besser kurzes Fell haben?
- [ ] Habe ich weitere Tiere im Haushalt?
- [ ] Wie groß ist mein Auto? Passt auch der ausgewachsene Hund noch zusammen mit Box und Familie hinein, um in den Urlaub zu fahren?
- [ ] Können meine Kinder den Hund, wenn dieser in seiner Sturm-und-Drang-Zeit ist, festhalten?
- [ ] Für wen will ich den Hund in erster Linie? (unabhängig von der Hauptbetreuung durch einen Erwachsenen)
- [ ] Soll der Hund später am Pferd/Fahrrad mitlaufen?
- [ ] Will mein Kind oder ich im Hundesport aktiv werden?

hochgetragen werden sollte ... Ich kann Jack Russell Terrier sehr liebenswert finden. Wenn ich jedoch eher ein Couch-Potato bin, werde ich von diesem temperamentvollen Hund schnell genervt sein.

Sobald Sie die Fragen für sich beantwortet haben, können Sie sich gemeinsam mit der Familie ein Rasselexikon greifen und dieses durchstöbern. Vielleicht gibt es auch in Ihrer Nachbarschaft zufällig einen Mischlings-Wurf mit von Ihnen favorisierten Rassen.

Rassencheck

Französische Bulldogge

☐ Ich bin ein kleines und kompaktes Powerpaket – eine Duracell-Blockbatterie sozusagen. Und manchmal bin ich überrascht über meine eigene Witzigkeit.

☐ Mit meinen Besitzern und mit Kindern bin ich besonders liebevoll. Ein weiteres Plus ist, dass ich, bedingt durch meine Größe, auch locker in einer kleineren Wohnung leben kann. Und durch mein kurzes seidiges Fell mache ich wenig Dreck.

☐ Da meine Rasse in der Vergangenheit durch sehr kurze Schnauzen bei Belastung Atemprobleme hatte (insbesondere auch an heißen Sommerta-gen), finde ich es sehr verantwortungsbewusst, wenn sich meine Familie für einen Züchter ent-scheidet, der auf längere Nasen achtet.

☐ Okay, für Agility oder Distanzritte bin ich viel-leicht nicht so gedacht, aber Sport und Spaß mit Gerangel und Gerenne muss einfach sein. Dafür merkt man mich drinnen überhaupt nicht. Denn in Haus und Wohnung schlafe ich gern und lange auf und in einer kuscheligen Decke – oder auf dem Sessel.

Kurzhaar Collie

☐ Ich bin fröhlich und freundlich, niemals nervös oder aggressiv. Ich bin intelligent, wachsam und dabei auch ein bisschen würdevoll. Meine Würde schlägt sich auch in meinem Körperbau nieder. Ich bewege mich mit kraftvoller Eleganz.

☐ Zu meinem Menschen baue ich eine intensive Beziehung auf. Bevor ich streunern gehe, beschäftige ich mich viel lieber mit ihnen, wenn ich die Chance dazu habe.

☐ Für Agility, Joggen, lange Waldspaziergänge oder Wan-dertouren bin ich jederzeit zu haben. Wenn mein Mensch mit dem Fahrrad unterwegs ist, kann ich mich richtig austoben.

☐ Mit Kindern komme ich sehr gut klar. Überhaupt bin ich in einer Familie sehr gut aufgehoben, wenn ich gut inte-griert werde. Ich bin einfach gern dabei und kann mich auch gaaanz klein machen.

Cavalier King Charles Spaniel

☐ Ich bin fröhlich, liebevoll und nicht streitsüchtig. Ich bin aber kein Weichei, sondern furchtlos und unternehmungslustig.

☐ Mit Kindern stelle ich sehr gern allen möglichen Unfug an. Wir sind ein extrem gutes Team!

☐ Ich liebe es, wenn meine Menschen viel Zeit haben und mich überall hin mitnehmen. Wander- und auch Fahrradtouren sind mir genauso lieb wie ein kuscheliges Mittagsschläfchen vor dem Ofen.

☐ Meine Nase nutze ich unheimlich gern, was mich für alle Arten von Suchspielen eignet. Außerdem springe ich gern über alle möglichen Hindernisse und klettere behände auf und über sie hinweg – Agility, mit den Kindern meiner Familie etwa, steht also nix im Wege (wenn die Hürden nicht zuuu hoch sind …).

☐ Dass ich charmant bin und mir die wenigsten eine Bitte abschlagen können, sagt ja bereits mein Name Cavalier aus. Wie das so ist mit uns charmanten Kerlchen, benötigen wir zum Teil etwas länger im Bad. Damit mein Fell so hübsch bleibt, brauche ich eine regelmäßige Fellpflege.

Labrador Retriever

☐ Ich bin, so ganz und wirklich von Herzen, ein aktiver und arbeitsfreudiger Hund.

☐ Hunde und Menschen liebe ich – insbesondere Kinder. Einzig mein manchmal etwas ungestümes Temperament ist in einigen Situationen mit Kindern irgendwie blöd. Es gibt so Momente, da bin ich Feuer und Flamme und vergesse dabei wo mein Körper anfängt und wieder aufhört. Sorry, wirklich. Und mein Verlangen, alles mit dem Maul zu erkunden – na, da hilft einfach nur stetes Training.

☐ Meine Beine und meine Energie tragen mich mit euch dafür überall hin – Wandertouren, Bergsteigen, Bollerwagenziehen mit den Kindern. Mir sind wenig Grenzen gesetzt, solange ich gesund aufwachse und vernünftig antrainiert werde. Gut erzogen bin ich einer der kinderkompatibelsten Hunde, die es so gibt. Solange stets ein Erwachsener dabei ist, versteht sich.

☐ Nasenarbeit und Apportierspiele sind mein Leben – bei Wind und Wetter. Ich bin ziemlich unverwüstlich und dazu sehr pflegeleicht.

Jack Russell Terrier

☐ Ich bin ein lebhaftes und drahtiges Arbeitstier. Mein Ursprung liegt in England. Dort bin ich gezüchtet worden, um unter anderem unterirdisch Füchse und andere Beutetiere aus den Bauten zu sprengen. So bin ich willensstark und erkunde gern meine Umgebung.

☐ Weil ich (nahezu) unverwüstlich bin und zu jedem Spaß bereit, kann ich ein toller Familienhund sein. Meine Größe ist ebenfalls sehr praktisch, wenn ich mit Kindern unterwegs bin. Unterschätzt aber nicht meine Kraft!

☐ Ein Erwachsener, der sich um meine Grunderziehung kümmert, ist bei mir schon ganz wichtig – schließlich bin ich ein Terrier.

☐ Mit den Kindern laufe ich dann super gern über Stock und über Stein, mache Agility, Flyball und vieles mehr.

☐ Mein Haarkleid ist wetterfest, wenn es aber feuchtkalt ist, nehme ich gern eine kuschelige warme Decke oder einen Mantel, wenn ich draußen oder im Auto warten soll.

Beagle

☐ Meine Historie als Meutehund macht mich zu einem idealen Familienhund mit (fast) grenzenloser Kinderliebe. Durch meine praktische Größe habe ich auch ein gutes „Kampfgewicht", um als „best buddy" für Kinder in Aktion zu treten.

☐ Ich bin stets gut gelaunt und aufgeweckt. Meine Zielstrebigkeit und Fähigkeit, Probleme selbst zu lösen, lässt mich hin und wieder vielleicht etwas dickköpfig erscheinen…

☐ Grundsätzlich bin ich aber ein kluger Hund, der draußen gern sofort seine Nase einsetzt (es ist einfach meine Bestimmung) und bei „guter Führung" ein hervorragender Begleithund.

☐ Sowohl lange Spaziergänge mit meiner Familie, egal, ob es stürmt oder schneit, als auch Suchspiele für meine Nasen-Leidenschaft sind großartig für mich. Ich erlebe einfach gern. Insbesondere in der Welpen- und Junghundzeit bin ich äußerst vital!

Berner Sennenhund

☐ Ich bin ein großer und kräftiger Hund mit mittlerem Temperament. Als typischer Bauernhund musste ich früher bewachen und Zugarbeit leisten.

☐ Warme Temperaturen sind nicht so meins, weil ich ein dichtes Fell besitze. Schnee und Eis bzw. Seen und Flüsse zum Abkühlen schon eher. Während meine Menschen also einen Strandurlaub im Süden buchen, mache ich lieber in den Bergen Urlaub.

☐ Ich bin meiner Familie gegenüber sehr anhänglich und extrem gutmütig mit Kindern. Mein etwas ruhigeres Temperament ist manchmal einfacher als das eines Labradors.

☐ Und ich bin gemütlich. Ich brauche einen Garten und lange Spaziergänge durch Feld und Flur. Aber wenn ich einmal in Bewegung bin, dann, wow, bebt die Erde!

☐ Während ich Sportarten wie Agility lieber aus dem Wege gehe, um meinen Astralkörper nicht zu sehr zu beanspruchen, stehe ich sofort da, wenn ich Nasenarbeit, Mobility und Tourenwandern höre.

☐ Als großer Hund mit viel Fell benötigt meine Familie neben einem guten Staubsauger bzw. Besen auch ein Auto, das groß genug ist, mich mitnehmen zu können. Ein bisschen Platz benötige ich schon, damit ich, gerade im Sommer, entspannt und etwas ausgestreckt liegen kann.

Australian Shepherd

☐ Ich habe so viel Power in mir, dass ich den lieben langen Tag lang arbeiten kann!

☐ Ich bin ein echter Allrounder. Ursprünglich soll ich bewachen und hüten, mir ist aber eigentlich jede moderne Hundesportart lieb. Dank meines attraktiven Äußeren gewinne ich schon einmal die „B-Note". Durch meinen „will to please", also meiner Fähigkeit, meinem Menschen fast jeden Wunsch von den Lippen abzulesen, und meinem kräftigen, aber gleichzeitig sehr agilen Körper stehe ich durchaus oft auf den Siegerpodesten.

☐ Solange ich mich auslasten kann und eine Bezugsperson habe, die sich auskennt, bin ich ausgeglichen und gutmütig. Ich bin definitiv kein Hund, den man „nebenbei" mal Gassi führt. Dann kann es passieren, dass sich mein Arbeitseifer und meine Energie eigene Wege suchen.

☐ Durch meinen Bewacherinstinkt bin ich manchmal Fremden gegenüber zuerst etwas reservierter. Meiner Bezugsperson und der Familie aber bin ich treu ergeben. Für sie gehe ich durchs Feuer.

Keine Gesundheitsgarantie
Lassen Sie sich bitte keinen
Bären aufbinden: Weder ist der
Mischling grundsätzlich gesün-
der noch der Rassehund im Allge-
meinen nur überzüchtet.

Woher nehmen, wenn nicht stehlen?

Weiß man, welche Rasse es denn sein soll, ist in der Regel die erste Anlaufstelle der professionelle Züchter. Aber das ist kein Muss: „Hobbyzuchten" oder auch der Tierschutz können eine gute Alternative sein.

Beim Kauf eines Welpen ist ganz allgemein wichtig, darauf zu achten, dass sowohl die Welpen als auch die Elterntiere gesund sind und Familien gegenüber aufgeschlossen. Bitte ignorieren Sie bei der Auswahl „Ihres" Welpen allgemeine Weisheiten wie stets das stärkste und lebendigste Tier zu nehmen. Erstens sind dessen Geschwister nicht automatisch krank und zurückgeblieben, nur weil sie etwas ruhiger sind. Sie sind genauso liebenswert und fit fürs Leben. Und zweitens ist es wichtig, sich den Welpen auszusuchen, der zum eigenen Gemütszustand passt. Familienhunde sollten möglichst einen ruhenden Pol mit sich tragen und kein Spring-ins-Feld sein. Sie liegen goldrichtig, wenn Sie also lieber den gemütlicheren Welpen in die engere Auswahl nehmen als den, der stets alles vor seinen Geschwistern entdecken muss. Auf diese Weise können Sie späteren Diskussionen bereits jetzt aus dem Weg gehen.

Gerade für Welpen aus „Hobbyzuchten" lege ich Ihnen Folgendes ans Herz: Suchen Sie Ihr neues Familienmitglied aus einem seriösen Haushalt aus und wählen Sie es nicht aus Mitleid. Mitleid ist vollkommen fehl am Platz. Nehmen Sie einen Welpen aus schlechten Verhältnissen, unterstützen Sie damit schlechte Menschen, die nichts aus Ihrer Aktion lernen werden: Hundevermehrer sind allein an der Vermehrung ihrer Finanzen interessiert. Außerdem können Sie sich beim Tierschutz nach einem Welpen umsehen. Es werden nicht nur erwachsene Tiere vermittelt, sondern häufig auch Welpen. Oftmals werden tragende Hündinnen gerettet, die dann in der Obhut des Tierschutzes ihre Welpen werfen.

Für die Überlegung, ob die Wahl auf einen Rassehund oder Mischling fallen soll: Bei einem Rassehund haben Sie die Möglichkeit, sich relativ sicher über Aussehen, Körperbau und grundsätzliches Wesen sein zu können. Mischlinge sind oftmals eine große spannende Wundertüte, die sich aber häufig zum Traumhund entwickeln. Wenn Sie einen Rassehund möchten: Passen Sie bei den Papieren auf, denn sie allein stellen kein Qualitätskriterium dar. Jeder Computernutzer kann sich heutzutage eigene Papiere layouten. Diese mögen professionell aussehen, aber Sie können mit ihnen nichts anfangen. Wollen Sie später mit Ihrem Rassehund arbeiten, Prüfungen machen oder ihn ausstellen, achten Sie auf das Siegel des VDH. Der VDH achtet darauf, dass seine Mitglieder bestimmte Qualitätsmerkmale bei den Zuchttieren und der sogenannten Zuchtstätte einhalten. Die großen Arbeitsprüfungen und Zuchtschauen laufen in der Regel alle über den VDH bzw. den FCI als Welthundeverband.

Entscheiden Sie sich für einen Mischling, achten Sie bitte auf sinnvolle Verpaarungen. Die Elterntiere sollten schon einmal grundsätzlich vom Körperbau und Größe her zueinanderpassen. Doggen-Dackel-Mischlinge gehören beispielsweise nicht dazu. Auch wenn insbesondere Welpen von bizarren Kreuzungen echt niedlich sein sollten, sie haben es in ihrem späteren Leben schwer, weil oftmals Temperament und Knochenstruktur bzw. Körperbau nicht zueinanderpassen. Die Folge sind regelmäßig unschön verlaufende Krankheitsbilder. Die Hunde leiden und die Tierarztkosten steigen.

Worauf sollte ich bei der Auswahl meines Welpen achten?

Egal, ob Sie sich nun für einen Rassehund oder einen Mischling entscheiden, es gibt grundlegende Punkte, die es wert sind, beachtet zu werden. Trauen Sie sich und fragen Sie Ihrem Züchter Löcher in den Bauch. Er wird bei aller Fragerei froh sein, einen echt interessierten Welpenkäufer vor sich zu haben. Jemanden, dem er ruhigen Gewissens seinen kleinen Schatz sicher anvertrauen kann.

☐ Wird den Welpen Abwechslung geboten? (Etwa die Gewöhnung im Auslauf an verschiedene Untergründe und Geräusche)

☐ Sind die Welpen munter (wenn sie nicht gerade schlafen) und spielen miteinander?

☐ Sehen die Welpen gesund aus? (Wohlgenährt, fröhlich, klare Augen, …)

☐ Macht die Mutter der Welpen einen gesunden und zutraulichen Eindruck?

☐ Der wievielte Wurf der Hündin ist es? (Hündinnen sollten nur einmal im Jahr werfen, um sich erholen zu können und auch nicht jedes Jahr bis ins Rentenalter hinein.)

☐ Wie verhält sich die Hündin mit den Welpen? (Ist sie entspannt und fürsorglich oder uninteressiert und ruppig?)

☐ Woher stammt der Rüde? (Wie lebt er? Was macht er? Wie verhält er sich zu Mensch und Tier?)

☐ Gibt es irgendwelche Aggressivität Menschen oder Tieren gegenüber?

☐ Werden mehrere Hunderassen gezüchtet? (Achtung: Vermehrer!)

☐ Gibt es eine Gesundheitsbewertung der Welpen von einem Tierarzt?

☐ Existieren mögliche Erbschäden bei den Vorfahren? (Manche Rassen neigen z. B. zu Augenerkrankungen.)

☐ Welche Krankheitsuntersuchungen haben noch stattgefunden?

☐ Welche Impfungen wurden bereits durchgeführt?

Die Qual der Wahl

Haben Sie sich für einen Züchter entschieden, bleibt noch die Auswahl Ihres Welpen aus dem vorliegenden Wurf. Hier entsteht oftmals die Qual der Wahl, da einfach alle Welpen entzückend sind. Zu beachten ist, dass viele Züchter Ihre Welpen zuteilen. Schließlich hatten sie genug Zeit, sich die Charaktere täglich anzusehen. Ein guter Züchter kann die kleinen Knirpse sehr gut einschätzen, wenngleich es nie eine Garantie für die Entwicklung des Charakters geben kann. Es gibt natürlich viel zu viele Umstände, die uns alle während des Lebens formen.

Haben Sie die freie Auswahl, so ist es hilfreich, sich vorab zusammen mit der Familie Gedanken darüber zu machen, wie der ideale Familienzuwachs denn so sein sollte. Leicht wählt man sonst den unpassenden Charakter für die eigenen Lebensumstände. Brief und Siegel, Ihrem kleinen Sohn wird der frechste Welpe sicherlich am besten gefallen. Mit diesem kann er beim Züchter lustig in der Wurfkiste raufen. Dieser Welpe ist wach und fordert Ihren Sohn heraus. Wird es Ihrem Sohn zu bunt, kann er aus der Welpenkiste rausgehen und hat seine Ruhe. Der Welpe wendet sich dann einfach seinen Geschwistern zu. Diese Möglichkeit haben Ihr Sohn und der freche Welpe bei Ihnen zu Hause nicht mehr. Kinder sind dann in der Regel von einem sehr fordernden Welpencharakter namens Nimmersatt schnell überfordert. Und auch die allgemeine Integration in Ihren Alltag kann sich leicht als anstrengend erweisen.

Haben Sie eine lebhafte Familie, so ist aber auch das zarte Seelchen eines Wurfes in der Regel überfordert. Nehmen Sie in diesem Fall lieber den Welpen mit dem ausgeglichensten Gemüt. Er wird die Energie in Ihrer Familie am besten auffangen und umsetzen können. Geht bei Ihnen dagegen das meiste Familienleben ruhig und sanft zu, dürfen Sie auch gern den zarteren Welpen mit nach Hause nehmen. Ihre ruhige und sanfte Art wird dem Kleinen genug Zeit und Stabilität geben, sich zu einem selbstbewussten Hund zu entwickeln. Wichtig ist bei der Auswahl eines Welpen also nicht nur das oft propagierte eigene Bauchgefühl, sondern auch ein Stück Voraussicht und Pragmatismus. Auf diese Weise können Sie bereits aktiv die richtigen Weichen für ein harmonisches Familienhundeleben stellen.

☐ Wie oft wurden die Welpen entwurmt?

☐ Dürfen Sie die Welpen öfter besuchen bevor Sie Ihren Welpen mit nach Hause nehmen?

☐ Ist es erlaubt, dem Welpen ein (benutztes) Kleidungsstück von Ihnen dazulassen (siehe Seite 35)?

☐ Welches Futter erhalten die Welpen bei der Abgabe?

☐ Erhalten Sie einen Heimtierausweis?

☐ Ist der Züchter auch nach dem Kauf noch ansprechbar und hilfsbereit, wenn Sie Fragen haben?

☐ Wie ist eine mögliche Rücknahme geregelt (sowohl bei gesundheitlichen Problemen des Welpen als auch bei Haltungsproblemen Ihrerseits)?

☐ Was steht grundsätzlich im Kaufvertrag? Gibt es vertragliche Einschränkungen beim Kauf?

Gut geplant ist halb gewonnen!

Vertrauen Sie in Ihre eigenen Fähigkeiten. Und auch bei der Sozialisierung und Erziehung Ihres Welpen gilt: Übung macht den Meister. Das geht nicht nur Ihnen so, sondern anderen auch.

Wie sieht mein Alltag aus?

Sie managen Ihre Familie, möglicherweise zusätzlich Ihren Job, sehen nach der älteren Nachbarin nebenan. Ich brauche Ihnen nicht erst zu sagen, dass Planung wichtig ist, um den Überblick zu be- und keine bösen Überraschungen zu erhalten. Um allen gerecht zu werden ist es einfach ratsam, sich vorher mit den Gegebenheiten auseinander zu setzen und klare Prioritäten zu benennen.

Ich will Ihnen keine privaten Geheimnisse entlocken. Es geht mir darum, dass Sie sich am besten schon jetzt überlegen, wie Sie Ihren Welpen und später Ihren erwachsenen Hund in den Alltag einbinden können. So können Sie Erziehungswege abkürzen. Oftmals können wir den Hundespaziergang mit dem Weg zum Kindergarten verbinden. Wenn wir ohnehin mit dem (erwachsenen) Hund rausgehen, können wir auch gleich unsere Laufsachen anziehen. Wenn wir die Kinder zum Sport oder zum Musikunterricht bringen, haben wir vielleicht keine Zeit mehr, nach Hause zu fahren, um den Hund zwischendurch rauszulassen, bevor wir selbst ins Fitnessstudio und zum Einkaufen wollen. Da bietet es sich an, den Hund einfach gleich mit ins Auto zu nehmen. Neben der Musikschule ist vielleicht ein toller Park, in dem wir spazieren gehen könnten.

Fest steht, Sie haben ein neues Familienmitglied, das, wie vielleicht aktuell Ihre Kinder, von Ihnen abhängig ist. Ihre Kinder werden erwachsen und

Wie sieht mein normaler Tagesablauf aus:

- ☐ Morgens gehen alle aus dem Haus – die Kinder in Schule und Kindergarten und die Erwachsenen zur Arbeit?
- ☐ Kommen Sie mittags wieder nach Hause?
- ☐ Darf das neue Familienmitglied mit ins Büro?
- ☐ Gibt es ein Au-Pair-Mädchen oder eine Haushälterin in Ihrem Haus, die sich ebenfalls mit dem neuen Familienmitglied verstehen sollte?
- ☐ Wann kommen die Kinder wieder?
- ☐ Wann müssen Sie die Kindern zum Musikunterricht, Sportverein, … bringen?
- ☐ Tun Sie dies mit dem Auto oder mit dem Fahrrad?
- ☐ Sind Bestimmungsorte auch fußläufig zu erreichen?
- ☐ Wie sieht es mit dem Einkaufen aus?
- ☐ Joggen Sie oder gehen Sie in ein Fitnessstudio?

So ... Jetzt nur noch die Einkaufstüten

„flügge". Ihr Hund bleibt stets in einem Abhängigkeitsverhältnis.

... und mit Hund?

Da Sie sich für einen Welpen entschieden haben, wird es Ihnen zu Beginn vorkommen als hätten Sie plötzlich ein weiteres Kind. Ihr Welpe benötigt ständige Aufmerksamkeit. Er findet alles sehr interessant … und findet zielsicher Ihre teuersten Schuhe zum Spielen oder aber das Lieblingsspielzeug Ihrer Kinder, um selbige mit viel Spaß kaputt zu machen. Sie werden also vielleicht das Gefühl haben, etwas abgehetzt hinter allen herrennen zu müssen – und sind trotzdem oftmals zu spät dran. Es kommt definitiv der Moment, in dem Ihnen eine Hand fehlt, weil sie beide für Ihre Kinder benötigen. Ihren Welpen haben sie aber auch dabei … Sie werden sich auch mit der Enttäuschung Ihrer Kinder auseinandersetzen müssen. Kinder können nicht wissen, dass ein Welpe sehr viel schläft, schnell überfordert ist und noch nicht weiß, dass er nicht in Hände schnappen darf. Ihre Kinder stellen sich vermutlich vor, dass sie non-stop mit dem Welpen spielen können und dieser stets gut gelaunt ist – ein Kuscheltier in echt eben. Aber Sie werden alle diese Herausforderungen meistern und Ihre Kinder werden verstehen lernen. Vertrauen Sie sich und Ihren Fähigkeiten. Sie schaukeln

> **Hund im Auto**
> Beachten Sie die Wetterverhältnisse, wenn Sie Ihren Hund, insbesondere Ihren Welpen im Auto lassen. In praller Sonne geparkt, wird es darin dem Vierbeiner schnell zu warm. Unter Umständen drohen Kreislaufprobleme und Schlimmeres ...

bereits Haushalt, Job und Kinder. Ihr neues Familienmitglied wird sich genauso nahtlos in Ihren Alltag einfügen.

Planen Sie Ihren Alltag dahingehend um, dass Sie in kurzen Episoden und vorausschauend denken. Stellen Sie beispielsweise Ihre Schuhe am Eingang bereit, um den Welpen rasch vor die Tür bringen zu können. Kaufen Sie Küchenpapier und Reiniger auf Vorrat ☺. Üben Sie sich in Meditation, falls Ihr Welpe einen Schreianfall bekommt – ganz wie bei Ihren Kindern. Wenn ich die Wäsche mache, nehme ich den kleinen Welpen mit? Gibt es eine weitere Person, die in dieser Zeit auf ihn aufpassen kann? Ansonsten ist es ratsam, erst einen Moment mit ihm rauszugehen, damit er müde wird. Anschließend bringen Sie ihn auf seinen Platz. Während er dort „safe" seine Sinneseindrücke im Schlaf verarbeiten kann, haben Sie die Möglichkeit, sich um die Wäscheberge zu kümmern (als einem Beispiel von vielen im Haushalt). Ist der Weg zur KiTa zu Fuß noch zu weit für das tapsige Kerlchen, dann lassen Sie ihn ebenfalls besser zu Hause (insbesondere, wenn Sie beide Hände für Ihre Kinder benötigen) oder aber Sie haben die Möglichkeit, ihn einen Teil der Strecke zu tragen. Generell ist es sinnvoll, sich ein paar Tage Urlaub zu nehmen, wenn der Welpe einzieht. Also möglichst nicht den Welpen am Sonntagnachmittag beim Züchter abholen und

Kleine Alltagshilfe

Sollten Sie noch einen alten Laufstall für Ihre Kinder im Keller haben, reaktivieren Sie ihn gern. Auf diese Weise hat Ihr Welpe Bewegungsfreiheit, ohne Unsinn machen zu können. Wenn Sie sehen, dass Ihr Welpe dort nicht zur Ruhe kommen sollte, ist es ratsam, ihn stattdessen in seine Box zu bringen.

alle gehen Montag früh aus dem Haus. Geben Sie sich die Möglichkeit, sich alle in Ruhe aneinander gewöhnen zu können. Für die **Gassirunden** können Sie sich super eine **Faustregel** merken: Pro Lebensmonat können Sie fünf Minuten mit Ihrem Welpen am Stück unterwegs sein. Dann benötigt er eine Pause. Mit Ausnahmen ist wie immer zu rechnen.

Was will der Welpe von uns?

Manchmal lohnt sich ein Perspektivenwechsel: Eine gute Aufzucht kann vielerlei Definitionen haben. Und wir Menschen meinen es in aller Regel auch stets gut. Ein Gutmensch vollbringt jedoch nicht immer gute Taten, nur weil er es gut gemeint hat. Wichtig ist, sich anzusehen, was Ihr Welpe unter einer guten Aufzucht versteht. Denn Ihr neues Familienmitglied ist ein Hund – und eben kein Mensch. Aus diesem Grund dürfen wir ihn nicht vermenschlichen, sondern sollten ihn als das respektieren was er ist: Ein großartiges Wesen namens CANIS LUPUS FAMILIARIS.

> Eine gute Aufzucht aus Sicht des Welpen schaut oft im ersten Moment anders aus als wir das vermuten würden. Unser Welpe sucht in erster Instanz die Geborgenheit seiner früheren Wurffamilie. Diese Geborgenheit wurde definiert durch feste Regeln, feste Uhrzeiten und feste Bezugspersonen.

> Eine gute Aufzucht aus Sicht des Welpen sieht außerdem genügend Ruhe vor. Dieses kleine Wesen muss so wahnsinnig viele Erlebnisse verarbeiten. Schmetterlinge, Barbiepuppen, Highheels, Tante Erna, den Nachbarshund, die Spülmaschine – all das ist ja gänzlich neu – und sehr aufregend. Damit sich unser Welpe alles gut merken und miteinander verknüpfen kann, braucht sein Gehirn viel Schlaf.

> Eine gute Aufzucht aus Sicht des Welpen sieht zudem einen Menschen vor, der ihm Geborgenheit schenkt (sprich: auch körperliche Nähe) und die Welt geduldig erklärt.

> Eine gute Aufzucht aus Sicht des Welpen sieht auch artgerechtes Futter vor. Teuer muss nicht automatisch gut sein, aber billig ist eben auch in der Regel „billig". Lassen Sie sich von einem Ernährungsberater bzw. Ihrem Züchter beraten. Ein gutes Futter bedeutet, dass Ihr Welpe gesund aufwächst. Ein Hund mit starken Knochen und ausgebildeter Muskulatur neigt weniger zu Verletzungen und Krankheiten.

Familienplaner

	Montag	Hund?	Dienstag	Hund?	Mittwoch	Hund?	Donnerstag	Hund?	Freitag	Hund?
07.00										
08.00										
09.00										
10.00										
11.00										
12.00										
13.00										
14.00										
15.00										
16.00										
17.00										
18.00										
19.00										
20.00										
21.00										
22.00										
23.00										

Samstag	Hund?	Sonntag	Hund?

Auch daran gedacht?

☐ Haben Sie noch weitere Tiere, die in Ihrem Haushalt leben und an die sich Ihr kleiner Hund gewöhnen muss?

☐ Wie ist Ihr allgemeiner Zeitbedarf, sich um ein weiteres Familienmitglied zu kümmern?

☐ Haben Sie sich bereits nach einer Welpenschule in Ihrer Nähe umgesehen?

☐ Wie sieht es mit Ihren allgemeinen Urlaubsplänen aus? Handelt es sich eher um Wander- oder Campingurlaub?

☐ Zieht es Ihre Familie mit dem Flugzeug in die Ferne? Dann ist es ratsam, sich rechtzeitig um eine vertrauenswürdige Urlaubsbetreuung für Ihren Hund zu kümmern.

☐ In den guten Hundepensionen sind die Ferienzeiten schnell ein Jahr im Voraus ausgebucht.

☐ Kennen Sie schon eine vertrauenswürdige Tierklinik und/oder einen Tierarzt für den Fall aller Fälle in Ihrer Nähe?

☐ Haben Sie eine Vertrauensperson als Plan B, die sich um Ihren Hund im Notfall wenigsten für ein paar Stunden kümmern kann?

☐ Wie sieht es mit Hundehaftplichtversicherung und Steuer aus?

Die sechs Phasen der Welpenentwicklung

Je nach Rasse gibt es individuelle Unterschiede und auch Überschneidungen, denn einige Phasen können parallel ablaufen. In der Regel verbringt Ihr Welpe die ersten 8 Wochen bei seinem Züchter. Danach sind Sie als neue Bezugsperson gefragt, den Welpen durch seine Entwicklungsphasen zu begleiten.

1 Neonatale Phase
Neugeborenenphase
(1.–2. Lebenswoche)

Die Neugeborenenphase erstreckt sich ungefähr über die ersten zwei Lebenswochen. Augen und Ohren sind geschlossen, der Geruchssinn ist noch nicht stark entwickelt. Diese Phase umfasst den Lebensabschnitt von der Geburt bis zum Öffnen der Augen mit 10–16 Tagen. In dieser Zeit macht der Welpe vor allem zwei Dinge: nämlich Milch trinken und schlafen. Die Welpen liegen in Kontakt zueinander, mit bzw. ohne ihre Mutter. Ab dem sechsten Lebenstag dehnt der Welpe seinen Aktionsradius zunehmend auf die Wurfkiste aus. Ab der zweiten Lebenswoche werden je nach Rasse bereits erste Steh- und Gehversuche unternommen.

2 Transitionale Phase
Übergangsphase
(3. + 4. Lebenswoche)

Die Übergangsphase umfasst etwa die dritte und vierte Lebenswoche. Am Ende dieser Phase ist aus dem hilflosen Wesen der ersten beiden Wochen schon ein kleiner, neugieriger Hund geworden. Er kann nun hören, sehen und sehr gut riechen. Er kann seine Körperwärme schon ganz gut regulieren und ist auf dem besten Weg, selbstständig Kot und Urin abzusetzen. Auch erprobt er erfolgreich die Koordination seiner Körpermuskulatur. Die Übergangsphase beginnt mit dem Öffnen der Augen zwischen dem 10. und dem 16. Tag. Der Welpe zeigt vermehrt Sitz- sowie Steh- und Gehversuche. Haut- und Fellpflege wird durch sich beknabbern, sich belecken und sich schütteln zunehmend differenzierter. Mit dem Durchbruch der ersten Zähne beginnen sich Welpen erstmals auch für feste Nahrung zu interessieren.

3 Sensible Phase
Sozialisierungs- und Habituationsphase
(3.– ca. 18. Lebenswoche)

Die Sensible Phase beginnt im Alter von drei bis vier Wochen und geht im Alter von 12–18 Wochen, wenn sich ein Hundewelpe natürlicherweise ins Rudel einfügt, in die Junghundphase über. Mit der sinnlichen Wahrnehmung der Welt beginnt für den Welpen die Auseinandersetzung mit seiner Umwelt. Die Habituationsphase wird als die sensible Phase der Welpenentwicklung bezeichnet und hat ihre besondere Anforderung. In dieser Phase beginnt das Zusammenleben mit uns als neuem Hundebesitzer! Damit sich unser Hund

später sicher in der Umwelt bewegen kann und keine Ängste entwickelt, stehen wir in der Pflicht, unserem Welpen in diesem Alter die Umwelt zu zeigen und zu erklären: Mülltonnen, Bahnhöfe, S-Bahnen, Fahrräder, andere Menschen, andere Tiere, LKWs usw.

4 Junghundphase
Rang- und Rudelordnungsphase
(je nach Rasse 4.–6. Lebensmonat)

Anders als in der Sozialisierungsphase geht es hier vornehmlich um die Rangordnung. Unser Hund ist nun bestrebt, sich seinen Platz im Rudel zu suchen und seine Position zu festigen. Der Rudelführer Mensch wird auf seine Führungs- qualitäten geprüft. Einige Jung- hunde knurren ihre Besitzer „aus heiterem Himmel" an oder geben das Spielzeug nicht mehr her. Als neuer Besitzer des Vierbeiners müssen Sie ihm vermitteln, dass seine Stellung die unterste im „Familienrudel" ist. Im Folgen- den wird er sich besonders eng demjenigen anschließen, der für ihn den Rudelführer symboli- siert, dessen Autorität aner- kannt wird.

hinein und durch das andere wieder hinaus". Einige Hunde legen sich auch einen neuen Namen zu, ohne uns zu verraten, welcher dies ist. In dieser Zeit sollte man keinesfalls resignieren, sondern mit liebevoller, aber steter Konsequenz weiter mit dem Hund arbeiten. Üben Sie nur die notwendigsten Kommandos und diese in einer Lernsituation, die Sie beide meistern können.

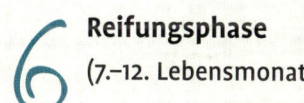 **Reifungsphase**
(7.–12. Lebensmonat)

Nun zeigt es sich, ob der Hund die Anleitung erhalten hat, die seine Entwicklung optimal fördern konnte. Zeigt Ihr Hund nach wie vor eine Bereitschaft zur freundlichen Kontaktaufnahme mit Mensch und Tier sowie eine hohe Motivation Lernen zu wollen, dann haben Sie gewonnen und sehr vieles richtig gemacht.

Insbesondere unsere großen Gebrauchshunderassen zeigen noch eine weitere Phase zwischen dem 2. und 4. Lebensjahr, während der wir auf z. B. verstärktes territoriales Verhalten achten sollten. Ein Hovawart oder Leonberger etwa ist erst dann so richtig erwachsen und sich seiner selbst sicher. Dementsprechend will er dann natürlich auch auftreten.

5 Pubertätsphase
(6.–7. Lebensmonat, je nach Rasse kann sie auch länger dauern)

Oftmals hebt der Rüde erstmalig sein Bein, die Hündin hat die erste Läufigkeit – spätestens jetzt kann der einstige „Spielplatzkumpel" durchaus plötzlich Rivale sein. In dieser Phase erlebt man oft regelrechten Trotz bei den Hunden. Erlerntes scheint einfach „vergessen" zu sein. Unsere Hunde leben nach dem Prinzip „Zwei Ohren – in das eine

Let's go shopping

Der Einzug Ihres neuen Familienmitglieds ist aufregend und planbar. Analog zur Baby-Erstausstattung benötigen Sie eine Welpen-Erstausstattung. Das volle Programm. Na gut, es gibt „Must-haves" und „Nice-to-haves". Ganz wie bei den Menschen-Babys auch.

Die Einkaufsliste

Zuallererst dürfen Sie also „shoppen" gehen: der Welpe braucht ein Halsband bzw. ein Geschirr, eine Leine, am besten gleich auch eine 10-Meter-Leine dazu, eine Hundebox, Hundedecken, Futter- und Wassernapf, geeignetes Spielzeug zum Kauen und Zergeln.

Das Hundehalsband bzw. das Geschirr sollte nicht zu schmal sein. Das sieht zwar oftmals niedlich aus, schneidet dem Welpen aber in die Haut, drückt unter Umständen auch die Luftröhre ab und birgt Gefahren für die Halswirbelsäule des kleinen Hundes. Noch kann er ja nicht an der Leine laufen, sondern wird mal hierhin- mal dorthinziehen. Kaufen Sie besser ein breites, weiches Halsband bzw. Geschirr, das den Welpen „auffängt" und nicht würgt (mehr dazu auf Seite 106).

Dasselbe gilt für die Leine. Nehmen Sie eine Leine, die Ihnen gut in der Hand liegt und nicht eine, die nur gut aussieht. Wenn uns die Leine in die Hand schneidet, weil der Welpe später an der Leine zieht, werden wir (allein schon aus diesem Grund) emotional reagieren und nicht mit der nötigen Souveränität und Ruhe.

Ein Welpe sollte nicht zu viele offizielle Schlafplätze haben. Im Prinzip reicht wirklich seine Hundebox mit gemütlicher Decke drinnen aus. Manchen Hunden hilft es aber, in jedem sozialen Raum einen festen Platz zu haben. Eine Hundebox unterstützt alle Anwesenden dabei, Ruhe zu finden und Ihr Welpe wird auch schneller stubenrein (siehe Seite 74). Achten Sie beim Kauf darauf, dass die Box nicht klappert und einfach zu öffnen und zu schließen ist.

In die Box gehört eine flauschige Decke. Und auch wenn in den meisten Familienhaushalten neben der Waschmaschine ein Trockner zur Verfügung steht: Es hilft, zwei bis drei Hundedecken zu besitzen. So sind Sie, falls es mal schnell gehen muss, bestens vorbereitet.

Futter- und Wassernäpfe sind praktischerweise aus Metall. Diese können in die Spülmaschine gegeben werden und sind somit leicht zu reinigen. Manche Welpen mögen keine Metallnäpfe. Hier bringen Keramik- oder Plastiknäpfe Abhilfe.

Must-haves:

- [ ] Eine feste Hundetransportbox. Kaufen Sie lieber gleich eine größere Box und legen dann anfangs eine Decke hinten hinein, um die Tiefe zu verringern,. Sind schließlich nicht ganz billig …

- [ ] Ein bis drei flauschige Decken, waschbar bei 60 °C für die Hundebox

- [ ] Eine Leine, ca. 1,20–2,5 Meter lang. Geben Sie noch nicht zu viel Geld aus. Es besteht eine reale Chance, dass die Leine nicht lange überleben wird

- [ ] Eine Schleppleine von ca. 10 Metern

- [ ] Ein breites leichtes Halsband oder Geschirr

- [ ] Einen kleinen Futter- sowie größeren Wassernapf. Sie sollten leicht zu reinigen sein

- [ ] Küchenpapier und Bodenreiniger in rauen Mengen

- [ ] Hundekotbeutel

- [ ] Einen Stapel an ausrangierten Handtüchern, falls es geregnet hat und der Welpe trockengerubbelt werden muss

- [ ] Kauartikel für die Zähne und gegen Langeweile

- [ ] Bürste und/oder Kamm

- [ ] Zeckenzange

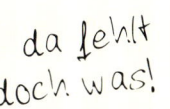

da fehlt doch was!

Welpen kauen gern, ähnlich wie Säuglinge, um Dinge besser „begreifen" zu können und ebenso später, wenn sie zahnen. Kaufen Sie Ihrem Welpen daher am besten spezielles Hundespielzeug. Die Gummimischungen sind hundegerecht verarbeitet und splittern nicht beim Zerbeißen.

Nice-to-haves:

- [ ] Eine „Oscartonne" kann durchaus praktisch sein, um das Welpenfutter (Trockenfutter) sicher und trocken aufzubewahren

- [ ] Einen Hundemantel, wenn Ihr Welpe ein Winter„kind" sein sollte und schnell friert (z.B. Boxer, Dalmatiner, Chihuahua)

- [ ] Zusätzliche Hundekörbe, variabel im Haus zu transportieren

- [ ] Eine zweite Hundetransportbox, die fest ins Auto kann

- [ ] Eine schicke „Ausgehleine" für später

- [ ] Ein Reisewassernapf und Flasche

- [ ] Spielzeug zum Kauen und Zergeln

Einkaufsmarathon

Waren Sie schon einmal in einem Spezialgeschäft für Hundebedarf? Nein? Ich bis vor kurzem auch nicht…

Bewaffnet mit meiner Shopping-Liste, einem Einkaufswagen und einem Zeitfenster von 1 Stunde (in der Annahme, dass das ja wohl locker für die paar Dinge auf der Liste ausreichen muss) betrete ich das Geschäft. In Gedanken mal wieder 10 Schritte voraus, bleibe ich gleich an dem gut gefüllten Futternapf im Eingangsbereich hängen. Naja, immerhin hatte ich den Wassernapf, der danebensteht, verfehlt… Die Futterbrocken, die nun im Eingang verstreut herumliegen, sammelt eine freundliche Berner Sennenhündin für mich ein. Der Besitzer scheint darüber allerdings nur halb erfreut zu sein.

Jetzt zurück zu meiner Liste: eine schöne Leine, zwei Näpfe, ein kleines Körbchen, ein paar Kauartikel, nicht zu vergessen einen Sack Futter und eine Hundebox für Haus und Auto. Aber, wow! Das ist ja schlimmer als beim Supermarkt vor dem Marmeladenregal. Ich hätte nie gedacht, dass allein schon die Auswahl eines Wassernapfes ein gewisses Studium voraussetzt: aus Metall, aus Plastik, aus Glas, aus Keramik oder doch besser eine Mischung aus den Materialien? Breite Näpfe, hohe Näpfe, mittlere Näpfe, schmale Näpfe, Näpfe mit Aufdruck, Näpfe ohne Aufdruck, Näpfe, die sich automatisch neu füllen und … und … und … Es ist ja nicht so, dass ich mich im Vorfeld nicht schon ein wenig informiert hätte, aber darauf war nicht vorbereitet. Und die Zeit läuft…

Okay, dann gehe ich doch erst zu den Leinen. Das Regal ist auch gleich gefunden – da rutscht mir doch ein leicht genervter Seufzer raus: Das Leinenregal toppt das für Wassernäpfe um ein Vielfaches. Leinen in den verschiedensten Farben, Längen, Dicken und Arten. Leinen mit Reflexionsstreifen, Leinen, die nur aus Reflexion bestanden, Leinen aus Hanf der Umwelt zuliebe, Leinen aus Materialien aus der Raum- und Luftfahrt, runde Leinen, platte Leinen, dünne Leinen, … Ich gehe ja gern shoppen, aber das ist der schiere Wahnsinn!

Eine Verkäuferin hat offensichtlich Mitleid mit mir und spricht mich an, ob sie helfen könne. Ich erkläre ihr die Lage. „Diese feste, verstellbare Lederleine, die Sie in den Händen halten, ist für Ihren Welpen leider nicht geeignet." Schade, ich wollte gerade den ersten Punkt auf meiner Liste streichen. „Verstellbar ist zwar gut, aber die Leine ist definitiv zu groß und schwer für einen Welpen.", erklärt die Verkäuferin. Mit ihrer Hilfe entscheide ich mich für eine Leine aus einem Materialmix aus der Raumfahrt – schnelltrocknend und wenig schmutzanziehend, wie sie mir versichert. Wir gingen meine Liste Punkt für Punkt durch. Endlich sind wir fertig und ich bin zufrieden. Die Kids sind bestimmt ganz aufgeregt, wenn sie die ganzen Sachen auspacken dürfen.

An der Kasse werfe ich einen Blick auf meine Uhr – Himmel! Ich habe gut 2 Stunden hier verbracht. Jetzt aber ab nach Hause und die Kleine abholen!

Und wem jetzt die Idee kommt, im Internet sei alles einfacher – die Auswahl ist noch größer!

In den Startlöchern

Nach dem Shoppen ist bekanntlich vor dem Shoppen. Aber erst wird sich jetzt um eine welpensichere Wohnung bzw. ein welpensicheres Haus gekümmert. Ganz wie für kleine Kinder eben.

Die welpengerechte Wohnung

Vom Shoppen zurück, nehmen Sie sich gern eine Tasse Tee oder Kaffee zur Hand und lehnen sich zurück. Schauen Sie sich Ihre Wohnung noch einmal in Ruhe an. Welche Pflanzen stehen für den Welpen doch noch zugänglich? Ich meine hier durchaus auch jene, die der Welpe eigentlich nicht erreichen kann – es aber trotzdem tut. Es gibt viele Pflanzen, die giftig für Hunde sind. Diese sollten Sie unzugänglich aufbewahren, solange Ihr Hund noch auf Entdeckungstour ist. Gleiches gilt für Blumenerde, da z. B. mit Guano angereicherte Erde unschöne Reaktionen bei unseren Hunden auslösen kann (Durchfall, Erbrechen, epileptische

Anfälle, ...). Das Thema Putzmittel spielt bei den möglichen Giften auch eine große Rolle. Mehr dazu im nächsten Kapitel.

Jetzt bringen Sie noch die Ming-Vasen und Buch-Antiquariate in Sicherheit. Auch freiliegende Stromkabel sollen Sie welpenzahnsicher hinter Schränken verstecken oder in einen Kabelkanal ziehen. Kann der Welpe in Ihrer Wohnung oder Haus von irgendeiner Stelle herunterfallen? Am besten solche Gefahrzonen für den kleinen Racker unzugänglich machen.

Anschließend suchen Sie einen ruhigen Ort, an dem Sie eine „Rückzugshöhle" für Ihren Welpen, sprich die Hundebox aufstellen können. Widerstehen Sie der Versuchung, diese bei der Haustür an die Treppe zu stellen. Dort findet erstens selten das Familienleben statt und zweitens bekommt Ihr Hund unbewusst die Aufgabe des Torwächters, also die des Aufpassers. Eine Aufgabe, die er, wenn er erwachsen ist, vielleicht bewältigen mag, aber sicherlich nicht, solange er noch Ihre Hilfe benötigt, um die Welt zu entdecken. Außerdem soll der kleine Hund ja am Familienleben teilnehmen können. Dazu muss er mittendrin sein. Näheres zur

Ihrem Welpen beispielsweise das Ritual, sich nach dem Gang nach draußen mit dem Handtuch trockenrubbeln zu lassen. Trotzdem entsteht natürlich Schmutz im Haus. Wohl dem, der den Staubsauger erfunden hat ... Ja, und die Bodenreiniger.

Aber Achtung: Lesen Sie das Kleingedruckte auf Ihren Reinigungsmitteln durch, insbesondere das der Bodenreiniger. Solange Ihr Welpe noch nicht stubenrein ist, werden Sie diese oft verwenden müssen. Und der Welpe wird sicherlich die eine oder andere Fliese ablecken. Es gibt viele Reinigungsmittel, die schädlich auf unsere Haustiere wirken können (und damit auch auf unsere Kinder!). Magenverstimmungen, epileptische Anfälle und Schlimmeres sind keine Seltenheit. Am besten informieren Sie sich hierzu im Internet oder bei Ihrem Tierarzt. Im Netz gibt es stetig aktualisierte Listen zu gefährlichen Reinigungsmitteln und sonstigen toxischen Mitteln. Ansonsten gilt dasselbe wie für kleine Kinder: „Schere, Messer, Licht ... und Putzmittel sind für kleine Hunde nicht". Also bitte alles ordnungsgemäß verschließen, auch wenn es sich um Öko-Reinigungsmittel handelt.

> **Schnell informiert**
> Eine Auflistung aller giftigen Stoffe und Pflanzen finden Sie im Internet und auch in der Literatur (siehe Service Seite 188).

Boxgewöhnung siehe Seite 89. Gern legen Sie auch in jedes Zimmer ein kleines Körbchen bzw. eine kuschelige Decke. So hat er stets überall dort einen Platz, in dem Sie sich ebenfalls regelmäßig aufhalten.

Damit Ihr Welpe, wenn Sie ihn mitnehmen, bereits Ihren Geruch kennt, erlauben manche Züchter, dass Sie ein altes T-Shirt oder Ähnliches zuvor mit in die Wurfkiste legen. Denken Sie daran, dass dieses gebraucht sein muss, um nach Ihnen zu riechen und nicht gewaschen sein sollte. Alternativ können Sie auch ein Stück Stoff mitnehmen, das nach der Welpenkiste, sprich dem alten Zuhause, riecht. In die Hundebox gelegt, hilft es dem Welpen oftmals im neuen Zuhause besser einzuschlafen.

Das Top-Putzmittel & Co.
Schmutzvermeidung ist wie Fehlervermeidung eine wirkungsvolle Strategie. Beginnen Sie schon mit

Der Welpe

Es beginnt eine aufregende Zeit – Ihr Welpe zieht bei Ihnen ein. Nun geht es darum, den Kleinen sicher nach Hause zu holen, ihm Geborgenheit zu schenken und die Welt zu erklären – als Familie. By the way, haben Sie sich schon einen Namen für ihn ausgedacht? Noch nicht? Dann wird es jetzt Zeit!

ist da!

Das Abenteuer geht weiter – unser Welpe zieht ein!

Heute startet ein neuer Abschnitt Ihres Familienlebens, Ihr vierbeiniger Wirbelwind zieht ein. Sind Sie und Ihre Familie ausgeschlafen? Und los geht's – ganz in Ruhe!

Mit Geduld und Spucke

Wenn Sie Kinder haben, wissen Sie bereits, dass es eine gewisse Eingewöhnungszeit benötigt, bis sich der gewohnte Alltag nach dem Einzug eines neuen Familienmitglieds wieder sortiert hat. Was werden die wichtigsten Punkte sein, denen Sie in den ersten Monaten gegenüberstehen?

Einer der wichtigsten Punkte in den ersten Monaten des Zusammenlebens stellt für mich die Geduld dar: Geduld und Offenheit. Lassen Sie sich nicht aus der Ruhe bringen. Überdenken Sie auch gern Ihre Ansprüche und schrauben Sie sie eventuell etwas herunter, sollten Sie feststellen, dass Sie nur gestresst sind. Oftmals ist es

bereits mit einem kleinen Tausch der Prioritäten getan.

Neben Geduld und Spucke geht es um zwei weitere wichtige Punkte im Leben Ihres Welpen und Ihrer Familie: Sie bauen erstens eine vertrauensvolle und zweitens eine respektvolle Beziehung zum und mit Ihrem Welpen auf. Sie zeigen und erklären Ihrem Welpen die Welt und erkunden mit ihm gemeinsam viele tolle Dinge. Er darf und sollte lernen, Respekt etwa vor Autos zu haben. Radfahrern sollte man ausweichen, anstatt ihnen vor das Vorderrad zu laufen. Mülltonnen und flatternde Tüten in Büschen können zwar auf den Kleinen gefährlich wirken, stellen aber keine Gefahr dar, solange Sie Souveränität ausstrahlen.

Menschen sind grundsätzlich sein Fels in der Brandung, wenn Ihr Welpe zukünftig Sorgen haben sollte. Er kann sich an jeden Menschen wenden, wenngleich Sie seine Hauptbezugsperson bleiben.

Ziel ist außerdem, dass Ihr Welpe zukünftig mit anderen Tieren in friedlicher Koexistenz lebt. Bei Hundebegegnungen soll er sich freundlich und aufgeschlossen verhalten. Will ein Tier seine Aufmerksamkeit nicht bzw. er nicht die des anderen, geht jeder einfach seine Wege. Auch hier: Sollten überraschend Schwierigkeiten auftreten, sein Mensch, also Sie, hilft ihm aus jeder noch so vertrackten Lage. Sie zeigen ihm, wie er sich in der Welt bewegen und verhalten kann.

Damit Sie beide sich im sozialen Umfeld des Menschen souverän bewegen können, ist es unabdingbar, Ihrem kleinen Knirps ein paar Grundübungen (ab Seite 74) beizubringen: Neben dem vernünftigen Laufen an der Leine gehört auch ein Warte und beispielsweise das Erlernen der Beißhemmung dazu (siehe Seite 48). Besonders Letzteres ist wichtig, damit Ihre Kinder und Ihr Welpe möglichst reibungslos zusammen groß werden können.

Endlich – wir holen unseren Welpen ab!

Bevor sie alle ins Auto steigen, um Ihren kleinen Hund abzuholen, gilt es ein paar Kleinigkeiten zu berücksichtigen.

Nehmen Sie für die Heimfahrt mit Welpe eine Küchenrolle und einen Müllbeutel mit (manche

Welpen müssen sich bei all der Aufregung übergeben), gern auch eine kuschelige weiche Decke. Und, ohne zu einer Straftat aufrufen zu wollen: Ihr Welpe macht einen sehr großen Schritt. Er ist bedürftig und kann sich nicht allein versorgen. Er wird das erste Mal in seinem Leben nicht seine ihm bekannte Familie um sich haben, die ihm Sicherheit gibt. Stellen Sie daher Ihren Welpen nicht im Kofferraum ab wie ein Gepäckstück, sondern kuscheln Sie ihn in die Decke und nehmen Sie ihn für die Rückfahrt auf den Schoß. Er braucht jetzt von Ihnen viel Körperkontakt, um sich sicher zu fühlen. Egal, was die Straßenverkehrsordnung dazu sagen mag.

Wenn Sie für eine längere Zeit unterwegs sind, sollten Sie zwischendurch einmal anhalten und Ihren Kleinen sich lösen lassen. Idealerweise kennt er bereits durch den Züchter Leine und Geschirr. Suchen Sie sich einen ruhigen Platz aus und lassen Sie ihm genügend Zeit, sich sicher genug zu fühlen, um sich zu lösen. Bieten Sie ihm ein wenig Wasser an. Aufregung macht durstig. Und dann, nach ca. 10–15 Minuten, geht es weiter.

Zu Hause angekommen, gönnen Sie ihm ein wenig Zeit im Garten, um sich lösen zu können. Haben Sie keinen eigenen Garten, suchen Sie sich wie schon beim Pit-Stopp an der Autobahn einen ruhigen Flecken im Park aus. Überfordern Sie den Kleinen bitte nicht, indem Sie schon jetzt ein Straßenfest feiern und die Hunde der Nachbarschaft zum großen Kennenlernen einladen. Im Augenblick hat Ihr Welpe noch keine Bezugsperson, der er gewohnt blind vertrauen kann. Die Fahrt, das neue Zuhause – das alles reicht völlig aus, um schnell müde zu werden. Bedenken Sie, dass er auch wie ein menschlicher Säugling stets eine erwachsene Bezugsperson braucht, die ihn schützt, ihn versorgt und ihm die Welt erklärt. Bei allem Tatendrang Ihrer Kinder, bleiben Sie stets die Hauptverantwortliche für die Versorgung und Ausbildung Ihres Familienhundes.

das Kennenlernen der neuen Räumlichkeiten im richtigen Rahmen.

Schlafende Hund soll man nicht wecken, heißt es im Sprichwort unserer Großeltern. Wenn Ihr Welpe eingeschlafen ist, dann lassen Sie ihn einfach dort wo er ist. Sie müssen ihn nicht zwangsweise in die Box bzw. zu seinem Schlafplatz bringen. Und Ihre Kinder lernen die erste Goldene Regel: Schläft der Welpe, wird er nicht angesprochen oder angefasst – auch nicht „aus Versehen". Ihre Kinder werden das vermutlich doof finden, weil sie mit dem Welpen losziehen wollen, ihm alles zeigen und mit ihm spielen. Dies ist die erste Lernstunde im Zusammenleben mit einem Haustier: Die eigenen Wünsche sind hinten anzustellen, wenn es für den anderen besser ist.

Kennen Sie den Film „Scott & Huutsch"? Es gibt diese wunderbare Szene, wo Scott Huutsch sein Haus zeigt. Er hat ihn an der Leine und führt ihn von Zimmer zu Zimmer. „Das ist die Küche/das Wohnzimmer/das Badezimmer … – das ist NICHT dein Zimmer." Irgendwann sind sie bei der Abstellkammer angelangt und Scott bemerkt „DAS ist dein Zimmer." Auch wenn es bekanntermaßen im Film nicht wirklich funktioniert hat und Sie Ihren Hund bitte nicht in der Abstellkammer platzieren sollen – Scotts Idee dahinter war von der Intention her sehr gut. Machen Sie nicht einfach Ihre Haustür auf und entlassen Ihren Welpen ins „Spieleparadies" – er wird dies spätestens am nächsten Tag wörtlich nehmen. „Führen" Sie ihn im wahrsten Sinne des Wortes in die Zimmer, in die er später auch hinein darf. Auf diese Weise lernt Ihr Hund bereits als Welpe, dass dies Ihre Bestimmungsräume sind – er aber gern gesehen. Lassen Sie also die Küche oder die Treppe ins Obergeschoss gleich aus, wenn er dort auch später nichts zu suchen hat.

Alle 30 bis 60 Minuten wird Ihr Welpe nun, wenn er wach ist, anfangs tagsüber raus müssen, um sich zu lösen. Sein Kreislauf ist sehr schnell. Aber keine Bange, das bleibt nicht so.

Legen Sie sich für die ersten Tage einfach schon Schuhe und Jacke bereit, um schnell reagieren zu können. Und Küchenpapier, wenn Sie den Moment verpasst haben.

Natürlich müssen Sie ihn jetzt nicht die ganze Zeit festhalten oder gar in die Box sperren. Er darf sich durchaus zwischenzeitig frei bewegen. Es geht um

> **Trainer-Tipp**
> Schließen Sie in den nächsten Wochen die Türen zu den Zimmern, in denen Sie sich momentan nicht aufhalten, damit Sie Ihren Welpen besser beobachten können. Sonst kann es schnell passieren, dass Ihr Welpe auf seiner Entdeckungstour erst im Gästezimmer bemerkt, dass er mal muss.

Paulchen und wir – unser erster gemeinsamer Tag

Die Nacht haben wir sehr gut verbracht. Unser Welpe hat tief und fest in seiner Hundebox geschlafen, die neben unserem Bett steht. Gegen halb sechs wird der Kleine dann unruhig. Okay, die Nacht ist wohl vorüber. Ich werfe mir die Klamotten über und ziehe die Schlappen an. Dann hole ich ruhig und liebevoll den Welpen aus seiner Box und trage ihn ins Freie. Er braucht einen kurzen Moment, um sich zu lösen. Tautropfen können nämlich sehr spannend sein! Wieder zurück, nehme ihn mit ins Bad, während ich mich fertig mache. Ich hätte ihn auch in seine Box zurückbringen können, möchte ihn aber bei mir haben. Im Bad bekommt er einen kleinen Kauknochen von mir, damit er sich nebenbei beschäftigen kann – das mit dem Ablenken hat schließlich bei den kleinen Zweibeinern auch (meist) geklappt.

Während ich mir die Zähne putze, muss ich schmunzeln. Lange konnten wir uns im Familienrat nicht auf einen Namen einigen. Aber beim Abholen bei der Züchterin schoss beiden Kindern „Paulchen!" aus dem Mund. So sei es also ☺. Jetzt muss ich aber die Kinder wecken – der Alltagswahnsinn kann beginnen!

Beim Frühstück geht es so turbulent zu, dass sich Paulchen emotional von den Kindern mitreißen lässt und ich bringe ihn besser in seine Box. Die steht im selben Raum, in dem wir uns auch befinden. Er soll ja nicht weggesperrt und ausgeschlossen werden, sondern nur vor noch zu schwierigen Situationen geschützt werden. Der Welpe einer Freundin hat vor lauter Übermüdung nach Kinderhänden geschnappt. Denselben Fehler will ich nicht machen.

Irgendwann sind alle angezogen und bereit für den Abmarsch: Während unsere älteste Tochter alleine zur Schule läuft, bringe ich unsere Jüngste zu Fuß zur KiTa. Für Paulchen ist der Weg dorthin allerdings noch zu weit. Zum Glück ist er nach dem morgendlichen Trubel ein wenig müde, sodass er für die Zeit meiner Abwesenheit hoffentlich in seiner Box schläft. Für morgen überlege ich mir die Alternative, ihn im Auto in der Box mitzunehmen, wenn ich zum Einkaufen fahre und dann meine kleine Tochter abhole. Heute aber muss es so gehen – und es klappte: Paulchen döst noch, als ich heimkomme! Am besten bringe ich ihn gleich zum Lösen in den Garten und dann ist der Haushalt dran. Während ich die Küche aufräume, binde ich ihn einfach mit einer Leine an mir fest bzw. an das Tischbein neben mir. Keine Sorge, sollte er mal nicht mit mir Schritt halten können, ziehe ich ihn nicht an der Leine hinter mir her, dann kommt er auf den Arm ☺. Aber auf diese Weise ist er in meiner Nähe und kann keinen Unfug anrichten bzw. sollte er es doch schaffen, kann ich es sogleich unterbinden.

Als die Älteste nachmittags Hausaufgaben macht, ist für Paulchen schon wieder Schlafenszeit. Ein Welpe ist eigentlich so „praktisch" wie ein Säugling, der auch hauptsächlich schläft. Eine tolle Erkenntnis! Wobei – der Welpe mag dabei zwischenzeitig etwas agiler und mehr zu Schabernack aufgelegt sein, aber im Prinzip sind sich ihre Bedürfnisse sehr ähnlich. Zum Abendbrot ist Paulchen natürlich mit dabei, angeleint bei mir am Tischbein, damit er keinen Unfug anrichten kann. Er ist aber sehr unruhig und den Kindern fällt es schwer, den Welpen zu ignorieren und sich auf das Essen zu konzentrieren. Darum habe ich den kleinen Kerl wieder in die Box gebracht. So ist jeder in der Familie dabei, aber jeder hat nun die Chance, sich auf das Wesentliche zu konzentrieren. So die Theorie: Ein bisschen laut war es schon beim Essen, denn Paulchen war natürlich nicht begeistert, nicht mehr mit den Socken der Kinder unterm Tisch spielen zu dürfen.

Leckerlispaß volles Rohr

Hast du Lust, für euren Welpen eine spaßige Leckerli-Rauskuller-Flasche zu basteln? Na, dann los!

oh! lecker!!

Was brauchst du dafür?

Eine leere PET-Flasche, ein Stück dickeres Seil, eine kleine Laubsäge und natürlich ein paar Futterbrocken. Wer mag, kann die Flasche anschließend auch noch mit Fingermalfarbe „hübsch" machen.

Und los geht's

1 Der Plastikdeckel der Flasche wandert gleich in den Müll. Anschließend sägst du das Deckelgewinde vorsichtig mit der Laubsäge ab. Lass dir da am besten von einem Erwachsenen helfen, nicht dass die Flasche dabei unverhofft weghüpft. Das Gewinde wandert ebenfalls in den Müll.

2 Nun brauchst du das Seil. An einem Ende legst du einen normalen Achterknoten. Obacht, noch nicht festziehen! Das Seilende mitsamt dem Knoten muss erst noch durch den Flaschenhals gedrückt werden. Vielleicht geht das ein wenig schwer – je nachdem wie dick dein Seil ist. Mithilfe von einem dicken Stift oder dem Stil eines Kochlöffels klappt es bestimmt.

So klappt's auch

1 Wer gerade kein Seil zur Hand hat, kann auch mit einer spitzen Schere größere Löcher in die PET-Flasche bohren. Vorsichtig, nicht dabei mit der Schere abrutschen! Die Löcher machst du nur so groß, dass sie ein klein wenig größer sind als die Futterbrocken, die du reinfüllen möchtest. Schließlich sollen nicht alle gleich auf einmal rauskullern.

2 Dann Futterbrocken in die Flasche füllen und mit dem Originalverschluss verschließen.

3 Jetzt ist euer Welpe gefragt: Er muss ausdauernd die Plastikflasche hin- und herrollen, damit die Futterbrocken aus den Löchern fallen.

3 Ist der Knoten in der Flasche, kannst du ihn festziehen. Dafür hältst du einfach mit der einen Hand den Flaschenhals zu und mit der anderen ziehst du am langen Ende des Seils.

4 Jetzt geht's an die Befüllung: Bestücke die Flasche mit ein paar Futterbrocken. Fertig ist der neue Spielspaß!

5 Nun darf euer Welpe ausprobieren, wie er am besten an das Futter herankommt. Auch wenn es schwerfällt, lass ihm den Spaß, das selber rauszufinden. Du wirst sehen: Neben kläffen, hineinbeißen und anstupsen kommt er sicherlich bald auf die Idee, am Seil herumzuziehen. Voilà! Der Weg ist frei und ein Futterbrocken rollt heraus.

Tipp für deine Eltern

Es kann durchaus passieren, dass Ihre Kinder den Welpen zwischendurch doof finden, weil er eben leider kein „Kuscheltier in echt" ist. Sie sind definitiv seine Hauptbezugsperson und damit der Bestimmer darüber, wer was wann mit dem Welpen machen darf. Ihre Kinder machen die Erfahrung, dass sie Sie teilen müssen. Ein Welpe benötigt nach wie vor viel Ruhe und ähnlich viel Aufmerksamkeit wie ein Neugeborenes, auf das das ältere Geschwisterchen durchaus eifersüchtig werden kann. Um dem kindlichen Frust entgegenzuwirken, ist es eine schöne Idee, sich, wie beim weihnachtlichen Keksebacken, zusammenzusetzen und gemeinsam für den Welpen zu basteln.

Hausregeln

Keine soziale Gruppe ohne feste Regeln. Damit Sie von Beginn an Ihren Welpen in Ihr Familienleben integrieren können, braucht es gewisse Hausregeln für alle.

Basics für Welpen

Das Zusammenleben innerhalb einer Gruppe klappt bekanntlich nur, wenn sich alle Mitglieder an vereinbarte Regeln halten. Dabei gibt es welche, die Allgemeingültigkeit besitzen und welche, die von Gruppe zu Gruppe unterschiedlich gehandhabt werden.

Damit sich Ihr vierbeiniger Familienzuwachs möglichst schnell bei Ihnen einleben kann, braucht er Hausregeln, die die Grundlagen des höflichen Umgangs miteinander sicherstellen.

Es gibt Hausregeln, die abhängig von Ihrer Familie und Ihrem Alltag sind, und es gibt Hausregeln, die für jeden Hund gelten sollten. Aber nicht nur für den Vierbeiner sind Regeln wichtig – auch wir Zweibeiner (egal, ob groß oder klein) müssen uns an Hausregeln halten. Schließlich sind Sie eine Familie, in der jedes Mitglied ernst genommen wird. Ihr kleiner Hund durchschaut sonst rasch die unfairen Bedingungen (siehe Seite 51). Beginnen wir mit den Basics, die für alle Welpen wichtig sind. Diese werden Sie aufgrund Ihrer Wichtigkeit auch durch das Buch begleiten.

Bitte sagen

Als Grundidee sollte Ihr Welpe lernen, „Bitte" zu sagen. Nicht indem er Sie anbellt oder anspringt, sondern indem er sich hinsetzt als Zeichen für Sie, dass er z. B. total gern raus in den Garten möchte oder aber Futter oder Streicheleinheiten oder mit seinem Kumpel spielen oder … oder … oder … Es gibt so viele Situationen, in denen es angenehm und praktisch ist, wenn Ihr Hund bereits als Welpe lernt, durch Hinsetzen „Bitte" zu sagen. Wie Sie ihm das am besten beibringen, lesen Sie auf Seite 76.

Warte

Zu den Basics gehört ebenfalls, dass Ihr Welpe lernt zu warten. Warten ist ziemlich langweilig für einen Welpen. Stellen Sie sich darauf ein, dass er sich beschwert. Warten ist allerdings essenziell – gerade auch, um sich seines Platzes innerhalb Ihrer Familie (seines neuen Rudels) bewusst zu werden. Ihr Welpe muss warten, während Sie Ihren Kindern die Schuhe zubinden. Er muss warten, bis Sie mit dem Essen fertig sind. Er muss warten, während Sie Ihren Jüngsten aus dem Kindergarten abholen. Er

muss warten, bis Sie ihm das „Go!" zum Fressen geben. Er muss warten, bis Sie aus der Tür raus sind. Er muss warten, bis Sie ihn ableinen und zu einem anderen Hund lassen. Er muss warten, bis Sie mit ihm spielen. Es gibt sehr viele weitere Beispiele für das „Warten" (= Impulskontrolle). Ihr Welpe wird lernen, das Warten positiv zu sehen. Wenn er artig wartet, dann passiert zur Belohnung etwas Tolles. Hier ist es übrigens nicht wichtig, ob der Welpe dabei Sitz oder Platz macht – auch im Stehen lässt es sich wunderbar warten. Wie Sie ihm das am besten beibringen, lesen Sie auf Seite 78.

Nicht Hochspringen

Das Leben unseres Hundes findet am Boden statt. Er hat nichts auf der Küchentheke, dem Couchtisch oder Esstisch zu suchen. Auch sollte er den Menschen nicht anspringen. Auf diese Weise entstehen erst gar keine Diskussionen über geklaute Kuchen oder Pausenbrote. Klamotten bleiben wenigstens halbwegs sauber und Besuchskinder suchen nicht weinend das Weite. Wie Sie ihm das am besten beibringen, lesen Sie auf Seite 80.

Ist Ihr Hund erwachsen und artig, steht es Ihnen selbstverständlich frei, Ihren Hund hin und wieder „einzuladen" an Ihnen hochzuspringen. Das ist dann eine ganz andere Situation.

Nichts vom Boden nehmen

Bei dieser Hausregel geht darum, dass der Welpe lernt, geduldig zu warten und sich nicht gleich auf alles zu stürzen, das zu Boden fällt. Dies kann ein Stück Zwiebel beim Kochen sein, die Käserinde oder auch Ihr Kugelschreiber oder ein Buntstift der Kinder. Diese Dinge gehören einfach immer uns, den Menschen. Es gilt daher nicht die Regel „Wer zuerst kommt – mahlt zuerst", sondern „Entspann dich, warte ab und vielleicht entscheide ich, ob du es dann doch bekommst."

Festgebunden sein, ohne die Leine durchzukauen

Ganz richtig, auch diese Übung hat mit Warten zu tun – was für ein Hundeleben … Für alle Hundebesitzer ist es von Vorteil, wenn der Hund mal eben kurz angebunden werden kann, um z. B. beim Bäcker die Brötchen zu holen. Auf diese Weise lehnen Sie sich zurück und wissen, Ihrem

> **Trainer Tipp**
> Binden Sie Ihren Hund niemals an scheinbar festen Gegenständen wie Fahrradständern etc. an! Manch Vierbeiner hat im Eifer des Gefechts schon bewiesen, dass er Bärenkräfte hat …

Hund kann nichts passieren – und Ihr Hund folgt Ihnen nicht freudestrahlend mit der abgebissenen Leine in den Supermarkt. Wie Sie ihm das am besten beibringen, lesen Sie auf Seite 86.

Alleine sein können

Auch wenn die Vorstellung für Mensch und Hund toll ist, sein „Rudel" stets um sich zu haben – unser Alltag verbietet uns in der Regel diese Möglichkeit. Üben Sie im Interesse Ihres Hundes bereits von Beginn an, sprich im Welpenalter, das Alleinebleiben. Es wird ganz sicher der Tag kommen, an dem sich just niemand findet, der beim Hund bleiben kann. Hunde mit Trennungsängsten haben einen hohen Leidensdruck – und angrenzende Nachbarn oftmals auch. Es ist viel einfacher, bereits dem Welpen beizubringen, dass es einfach Momente in seinem Leben gibt, in denen er allein ist, als dies mit einem erwachsenen Hund zu trainieren, der 12 Monate lang einen Rund-um-Service gewohnt war. Wie Sie ihm das am besten beibringen, lesen Sie auf Seite 88.

Beißhemmung

Welpen bekommen von ihrer Mutter oder den Geschwistern eine eindeutige Rückmeldung, wenn sie ihre Zähne zu stark eingesetzt haben. Allerdings wissen sie nicht, dass unsere Haut empfindlicher ist als die der vierbeinigen Geschwister, von daher hilft ihm diese Erfahrung im Zusammenleben mit uns Menschen nicht weiter. Darum ist

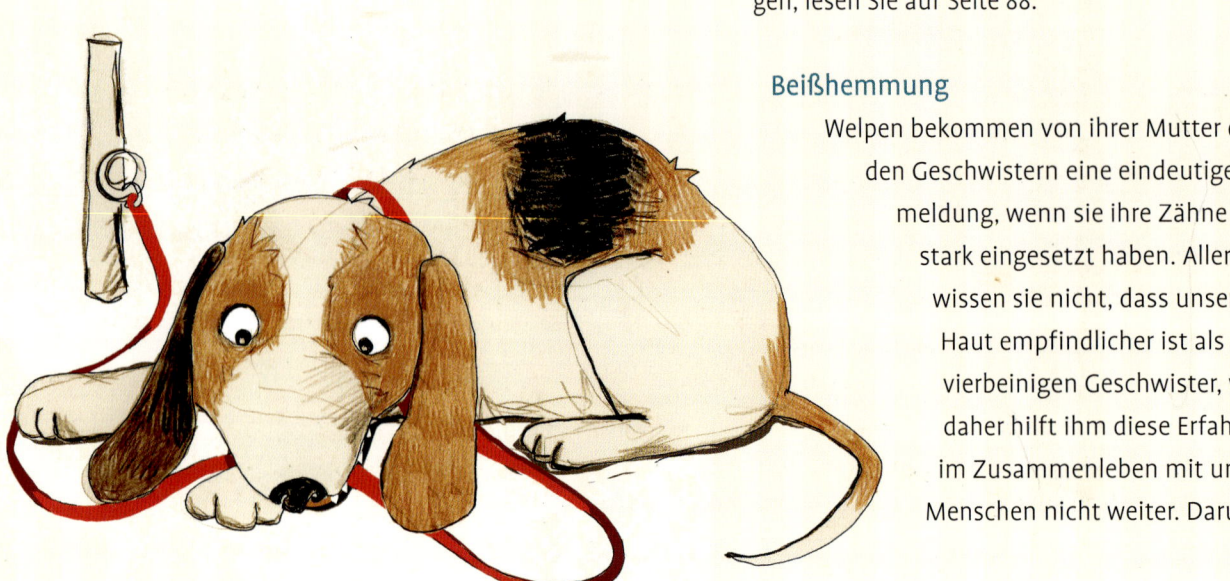

es insbesondere für Familien mit kleinen Kindern wichtig, dass der niedliche Welpe eine gute Beißhemmung erlernt. Doch wie?

Oftmals reicht eine große Kuscheleinheit aus, um ihm das Prinzip klar zu machen. Sobald Ihr Welpe Sie mit seinen Zähnen berührt, stehen Sie sofort auf und das Kuscheln ist beendet. In der Regel setzt sich ein Welpe daraufhin verwundert hin. Voilà! Sie dürfen ihn zur Belohnung streicheln. Wiederholen Sie diese Situation an unterschiedli-

chen Orten. Spielt Ihr Kind mit dem Welpen und er wird zu grob, greifen Sie rechtzeitig als entscheidende Instanz ein und schützen Sie Ihr Kind. Dreht der Kleine dabei hoch oder schnappt gar nach, können Sie ihn ruhig auch mal für eine halbe Minute emotions- und kommentarlos vor die Tür setzen.

Ihr Welpe wird schnell begreifen, dass das Kuscheln oder Spielen nur geschieht, wenn er sich vorsichtig verhält und nicht grob wird.

Hausregeln für Zweibeiner

Gleiches Recht und gleiche Pflichten für alle in der Familie. Wenn sich der Vierbeiner an Hausregeln halten soll, dann auch wir Zweibeiner.

Den Hund nicht stören, wenn er auf seinem Platz ist

Immer wenn Ihr Welpe von sich aus entspannt auf seinem Platz liegt und ruht, sollte er nicht angesprochen, angefasst oder angeguckt werden. Dann kann er lernen, auf seinem Platz wirklich zu entspannen und wir kommen unserem Ziel, einen in sich ruhenden Hund großgezogen zu haben, stetig näher. Lernt Ihr Welpe aber, dass „Dinge" mit ihm passieren können, während er sich auf seinem

Platz befindet, dann wird es ihm schwerfallen, sich wirklich zu entspannen. Stattdessen lungert er womöglich nur auf die nächste Gelegenheit, sich ablenken zu lassen.

Erst die Haustür/Gartenpforte schließen, dann alles Weitere angehen

Alle Familienmitglieder sollten sich fest hinter die Ohren schreiben – egal, was man sonst vor oder wie eilig man es hat(te): Zuerst werden Haus-/Wohnungstür oder Gartenpforte geschlossen, dann folgt alles Weitere. Diese Regel dient dem Schutz des Welpen, damit er erstens erst gar nicht lernt, dass er aus Haus und Hof entwischen kann und zweitens nicht hinausläuft und womöglich schlimme Dinge passieren.

Tipp für die Eltern

Damit Kinder Hausregeln wie z. B. „Nicht den Welpen ständig wecken" oder „Bitte stets die Gartenpforte geschlossen halten" akzeptieren und verinnerlichen, ist es hilfreich, wenn sich Ihre Kinder die Hausregeln selbst erarbeiten. Wie wäre es darum mit einem Familienrat, in dem sie alle zusammen die Regeln festlegen? Ich gebe Ihnen dazu über die extra Kinderseiten darüber hinaus etliche Möglichkeiten an die Hand, durch die Ihre Kinder sich spielerisch mit Ihrem besten Kumpel auseinandersetzen können. Bald wird der Welpe besser auf Ihre Kinder hören als auf Sie ☺!

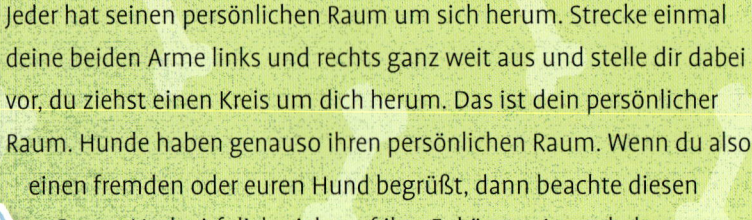

Dos & Dont's mit Hunden

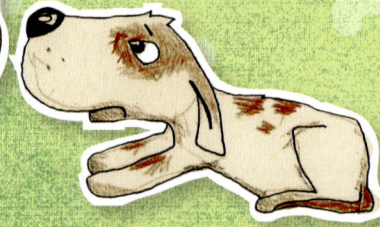

Vermeide es, dich über Hunde zu beugen; auch, wenn du dich hinknien bzw. **aufstehen möchtest.**

Auf die Freundschaft: Was findet unser Welpe toll und was hat er nicht so gern? Mag er eigentlich Umarmungen? Oder steht er mehr auf ein cooles Abklatschen unter Freunden? Fragen über Fragen!

Kennst du das, wenn eine deiner Tanten zur Besuch ist? Du hast sie seit Ewigkeiten nicht mehr gesehen und sie begrüßt dich gleich mit einem feuchten Schmatzer auf die Stirn. Igitt! Und der eine Onkel kneift dir immer zur Begrüßung in die Wange. Aua! Gar nicht witzig. Genauso kann es eurem Welpen gehen, wenn du ihm Hallo sagst oder mit ihm kuscheln willst. Hunde begrüßen sich ganz anders als wir Menschen. Wie? Das erfährst du hier.

Hi – was geht ab?!

Jeder hat seinen persönlichen Raum um sich herum. Strecke einmal deine beiden Arme links und rechts ganz weit aus und stelle dir dabei vor, du ziehst einen Kreis um dich herum. Das ist dein persönlicher Raum. Hunde haben genauso ihren persönlichen Raum. Wenn du also einen fremden oder euren Hund begrüßt, dann beachte diesen Raum. Und wirf dich nicht auf ihn. Er könnte Angst bekommen, wenn du dich von oben über ihn beugst. Und er findet es unhöflich, wenn du einfach seinen persönlichen Raum ignorierst. Du willst schließlich auch nicht von irgendeinem Verwandten umarmt werden, den du kaum kennst.

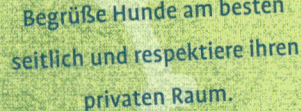

Begrüße Hunde am besten seitlich und respektiere ihren privaten Raum.

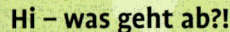

Vermeide es, auf dein Gegenüber zuzurennen – egal, ob Kind oder Hund – begegne anderen langsam und entspannt.

Vermeide es, Hunde zu umarmen, abzuküssen und grob zu streicheln. Den meisten Hunden ist dies unangenehm.

Wenn du euren Hund begrüßen willst, dann hocke dich stattdessen seitlich neben ihn. Strecke deine Hand dabei nicht aus wie beim Pferdefüttern, sondern lege deine Hand auf dein Bein. Sobald euer Vierbeiner soweit ist, dann wird er zu dir kommen, dich beschnuppern, vermutlich auf dir herumkrabbeln und versuchen, dich abzuschlecken. Damit zeigt er dir, dass er es dir hoch anrechnet, dass du seinen persönlichen Raum höflich beachtet und ihm Zeit gegeben hast. Jetzt kannst du ihn streicheln und mit ihm trainieren.

Und alle Mann auf den Welpen!?

Welpen sind sooo niedlich! Wir wollen alle ganz schnell zu ihnen hin, um sie zu streicheln und gemeinsam Spaß zu haben. Euer Welpe kann sich aber fürchterlich erschrecken, wenn du einfach so plötzlich auf ihn zustürmst, als ob es einen Eisbecher umsonst gäbe. Stelle dir am besten einmal vor, dass du mit deinen Eltern nichts Böses ahnend auf den Spielplatz gehst. Und plötzlich rennt da jemand laut schreiend und mit den Armen fuchtelnd direkt auf dich zu. Richtig, du kriegst einen riesen Schreck. Genauso geht es Hunden auch. Sie bekommen einfach Angst, wenn du so auf sie zurennst. Selbst, wenn sie dich kennen.

Am besten gehst du also immer entspannt und langsam auf einen Hund zu. Auf diese Weise erkennt der Hund, dass du nichts Böses im Sinn hast. Und er kann sich auf deine Ankunft vorbereiten.

Welpi, ich habe dich so lieb!

Wenn du beobachtest, wie sich Hunde untereinander begrüßen und miteinander spielen, dann fällt eines ganz deutlich auf: Sie kennen keine Umarmungen! Wir Menschen können uns das kaum vorstellen. Wenn wir jemanden mögen, dann umarmen wir ihn. Also, was machen wir, wenn wir unserem kleinen Welpen zeigen wollen, dass wir ihn lieb haben? Genau, wir umarmen ihn! Überleg einmal, was dein Welpe oder auch der Nachbarshund gemacht hat, als du ihn das letzte Mal so gedrückt hast. Hat er sich kuschelig in deinen Arm fallen lassen oder wollte er eigentlich lieber wieder etwas mehr Platz? Die meisten Hunde bleiben stocksteif stehen oder auch sitzen oder versuchen, sich aus der Umarmung zu befreien. Hunde kennen einfach keine Umarmungen. Wenn wir sie nun also fest drücken und herzen, dann empfinden Hunde dies selten als angenehm, sondern eher als Bedrohung. Damit euer Hund nicht denkt, dass du ihm die Luft abdrücken willst, umarme ihn besser nicht. Streichle ihn stattdessen sanft, gern über den gesamten Körper. Teste aus, an welchen Stellen er besonders gern angefasst wird. Dies kann seitlich am Hals sein oder auch am Rutenansatz. Viele Hunde legen sich auch extra hin, damit du ihren Bauch kraulen kannst. Und euer Hund erkennt, dass du ihn seeeehr lieb hast!

Individuals für Welpen

Neben den Basics-Hausregeln, gibt es auch welche, die jede Familie frei für sich festlegen kann – oder auch nicht. Das sind im Grunde Regeln, die für Singles oder Paare ohne Kinder nicht so wichtig sein mögen, für Familien mit Kindern aber Sinn machen.

Raus aus der Küche

Diese Regel hat mit einer Tabuzone zu tun, denn in manchen Haushalten empfiehlt es sich, den Hund aus der Küche herauszuhalten. Große Brocken wie Doggen werden auf diese Weise nicht dazu verleitet, doch einmal einen kurzen Blick auf die Küchenzeile zu riskieren und sich im Vorbeigehen

das Brot oder gar den Braten einzuverleiben. Ein weiterer Vorteil ist der, dass Sie im Eifer des Gefechts nicht über Ihren Hund stolpern.

Die moderne Wohnraumarchitektur mit offenen Küchen und angrenzendem Essraum steht dieser Hausregel zugegebenermaßen im Weg. Unser Glück, dass Hunde es hervorragend verstehen, sich an Landmarken zu orientieren. Nehmen Sie beispielsweise den Kühlschrank oder die große Pflanze, die Sie an der Ecke stehen haben, als Grenze. Auf diese Weise lernt Ihr Hund, sich an den Gegenständen zu orientieren und sie als Grenzobjekt wahrzunehmen. Oder vielleicht haben Küche und Wohnraum unterschiedliche Bodenbeläge, dann kann sich der Kleine an dieser „natürlichen Grenze" orientieren und hat für die Trainingszeit eine optische Grenzlinie als Hilfe. Alternativ können Sie z. B. auch einen Klebestreifen auf den Boden kleben (Achtung: nicht auf Holzfußboden).

Nicht ins Kinderzimmer

Wenn Sie Ihrem Welpen von Anfang an verbieten, die Kinderzimmer zu betreten, können Sie sich viel Ärger ersparen. Kin-

der und Hunde sind immer süß. Und es ist toll, wenn Ihre Kinder das neue Familienmitglied betreuen und ihm die Welt zeigen wollen. Ein Welpe versteht aber nicht, dass trotz bester Freundschaft Puppen, Bausteine und Co. NICHT geteilt werden. Durch ein Tabu der Kinderzimmer erhöhen Sie die Wahrscheinlichkeit deutlich, dass das dortige Kinderspielzeug heil bleibt. Die Chance, dass sich Ihr Welpe auf dem flauschigen Spielteppich zum Geschäft niedersetzt, ist gleich-

zeitig deutlich geringer. Und Ihre Kinder haben einen Rückzugsraum, in dem es nur um sie geht – nicht um die Bedürfnisse des Welpen.

Vorsichtig das Leckerli nehmen

Mit Kindern im Haushalt ist es ratsam, dem Welpen von Beginn an beizubringen, Leckerlis vorsichtig aus der Hand zu nehmen. Jegliches schnelle Erhaschen sollte keinen Erfolg bringen, sprich, die Hand umschließt das Objekt der Begierde sofort wieder und Sie entziehen den leckeren Brocken aus dem Wirkungskreis des Welpenmauls. Anschließend versuchen Sie es erneut. Einen vorsichtigen Versuch, sich das Leckerli zu nehmen belohnen Sie sofort und regelmäßig.

Handschuhe, herabhängende Bommeln, Hosenbeine etc. sind tabu

Um Ärger vorzubeugen, ist es sinnvoll, das *Tabu!*-Kommando (siehe Seite 96) gleich an den Gegenständen zu trainieren, die sich in Ihrem Alltag befinden. Zuerst mag es niedlich und lustig erscheinen, wenn der 9 Wochen alte Welpe an den Bommeln Ihrer Mütze zieht oder mit Ihren Handschuhen um die Ecke saust. Es ist jedoch nicht mehr lustig, wenn es die Lieblingsschuhe sind, Sie die Handschuhe dringend brauchen oder aber der dahingaloppierende Welpe beziehungsweise Junghund sich im Vorbeilauf den flatternden Rocksaum etwa Ihrer Nachbarin schnappt. Seien Sie von Beginn an konsequent – indem Sie trainieren und zusätzlich alles hoch- und wegstellen, was Sie sonst nicht kontrollieren können.

> **Trainer Tipp**
> Kinder geben Leckerlis am besten immer mit weit geöffneter Hand – wie beim Füttern von Pferden. Super ist, wenn sie dazu noch seitlich zum Hund stehen. Die seitliche Zuwendung vermittelt dem Hund sofort per Körpersprache „Ich bin freundlich und will dir nichts Böses".

Sozialisierung und Spiel

Ihr Welpe ist noch in der Sozialisierungsphase, wenn bei Ihnen einzieht. Nutzen Sie dieses Zeitfenster, um ihm die Welt zu erklären. Zeigen Sie ihm, dass es draußen in der Welt nichts gibt, vor dem er sich zu fürchten braucht.

Lernen fürs Leben

Welpen sollten all das, was ihnen mit Sicherheit im späteren Hundeleben begegnen wird, bereits in ihrem ersten Lebensjahr kennenlernen. Fehlt Ihrem Junghund später diese Lebenserfahrung, kann er aus Unsicherheit heraus aggressive Verhaltensweisen zeigen. Für mich bedeutet das Zeigen der großen weiten Welt nie einen zusätzlichen Zeitaufwand, sondern die Bereitschaft, mich auf das Lebewesen Hund einzulassen.

„Einmal ist keinmal, zweimal ist ein Trend und dreimal eine Gewohnheit", erklärte mir schon meine Großmutter, wenn es darum ging, etwas Neues zu lernen. Sie sollten Ihre Welpen darum mehrfach mit verschiedenen Umweltreizen konfrontieren, damit er sie lebenslang positiv abspeichern kann. In der Sozialisierung zählt dabei besonders der erste Eindruck, denn dieser ist am prägendsten. Gehen Sie also behutsam in die Lernsituationen hinein. Für den ersten Eindruck gibt es keine zweite Chance. Sollte die erste Situation schlecht gelaufen sein, stellen Sie sich darauf ein, dass Ihr Welpe beim nächsten Mal zunächst kein positives Verhalten zeigen wird. Steuern Sie mit Souveränität und Geduld dagegen. Bleiben Sie dabei, dass es sich um nichts Schlimmes handelt. Und Ihr Welpe erhält die Chance, die Situation neu zu bewerten.

Lassen Sie sich bei allen Zeitfaktoren nicht stressen – natürlich ist die Liste der Sozialisierungsmöglichkeiten lang. Aber auch hier zählt, dass nicht alle Welpen alles erlernen müssen. Auch ist jeder Welpe anders. Während manche Welpen erst innerlich etwas reifen müssen, bevor sie mit einer speziellen Situation klarkommen, ist ein anderer Welpe bereits neugierig genug, dies sofort zu tun. Auch hier gibt es, wieder einmal, deutliche Parallelen mit der Entwicklung von Kindern.

Die große, weite Welt

Im Folgenden zähle ich ein paar Sozialisierungsoptionen auf, die erstens keinen Anspruch auf Vollständigkeit erheben und die Sie zweitens auch bitte nicht à la „in 80 Tagen um die Welt" in Akkordarbeit abhaken sollen. Lassen Sie Ihrem Welpen die Zeit, die er benötigt, um sich Fremden bzw. Neuem zu nähern.

Für all diese Lernsituationen gibt es eine **Faustregel**: Achten Sie darauf, dass Sie mit Ihrem Welpen Neues aus einer sicheren Distanz und in einer

anfangs niedrigen Reizstärke kennenlernen. Ihr Welpe darf und soll sich mit dem Neuen auseinandersetzen, aber keine Unsicherheit zeigen. Achten Sie auch auf seine Körpersprache – Lefzen lecken, Kopf ducken oder zur Seite drehen, Schwanz einziehen und am Boden schnüffeln sind klassische Zeichen dafür, dass ein Hund gerade mit der Situation überfordert ist. Bellen und Schnappen sind weitere. Wobei ich grundsätzlich anmerken muss, dass man stets den Gesamtkontext beachten muss, wenn man Körpersprache beurteilt.

Verschiedene Untergründe
Welpen sollten an unterschiedliche Untergründe gewöhnt werden. Mit Kindern an der Seite passiert hier ganz viel Sozialisierung automatisch. Das Kennenlernen von unterschiedlichen Bodenuntergründen wie Wald, Bach, Sand und Ähnlichem übernehmen nämlich sehr gern Ihre Kids. Diese schnappen sich ganz einfach Ihren Welpen in freu-

diger Vorfreude und marschieren los. Voilà! Eine perfekte Lernsituation. Achten Sie bitte bei Gittern darauf, dass sich der kleine Hund nicht seine Krallen verletzen kann. Und wenn es über Stock und über Stein geht, darf der Welpe natürlich nicht abstürzen.

Alltagsgegenstände
In unseren Haushalten gibt es die, aus Hundesicht sinnfreiesten Dinge, die sie gruseln können. Dies beginnt mit Staubsaugern, Besen, Haarföhnen, Spiegeln und geht über zu Mixern oder auch Rasenmähern.

Fahrzeuge unterschiedlicher Art
Mindestens das Autofahren sowie das Mitfahren in den öffentlichen Verkehrsmitteln sollte Ihr

Welpe kennenlernen. Grundsätzlich zeigen Sie ihm alles, was Sie auch benutzen. Fahren Sie also aus Rücksicht nicht nur noch mit dem Auto, wenn Sie eigentlich mit dem ÖPNV unterwegs sind. Hunde lernen zwar Ihr Leben lang, aber Sozialisierung im jungen Alter ist definitiv unkomplizierter als mit einem adulten Hund, der dies noch nie erlebt hat.

Geräusche

Es gibt die verschiedensten Geräusche, an die sich ein Welpe erst gewöhnen muss. Der Lärm des Staubsaugers, Feuerwerk, ein ratternder LKW oder auch Baustellenlärm. Spitzen Sie sozusagen die Ohren und machen Sie sich sensibel für die Umweltgeräusche in Ihrem Umfeld. Diese zeigen Sie Ihrem Welpen dann zuerst.

Optische Reize

Optische Reize, die sich bewegen, lösen bei Hunden gern den Beutereiz aus – speziell bei Jagdhunden. Ein Welpe aber kann sich, bedingt durch seine Entwicklungsphasen, auch plötzlich vor diesen Dingen erschrecken. Insbesondere in der Dunkelheit.

Haustiere

Es gibt eine Vielzahl unterschiedlicher Haustiere in Familien – Vögel, Hamster, Fische, Leguane, … Gewöhnen Sie Ihren Welpen langsam an Ihre weiteren Familienmitglieder.

Ein Tier jedoch sollten eigentlich alle Hunde kennenlernen: Katzen. Einen Hamster treffe ich wohl eher selten mit meinem Hund auf der Straße. Bei Katzen ist die Wahrscheinlichkeit dagegen sehr hoch. Es gibt kaum unangenehmerer Momente, als den eigenen Hund hinter der geliebten Katze des Nachbarn im Schweinsgalopp verschwinden zu sehen …

Überraschungsmomente

Es ist einfach Alltag, dass wir bei aller Planung auch überrascht werden (Kind fällt über Hund, in einer Baustelle knallt es plötzlich). Geben Sie Ihrem Welpen hierfür bereits jetzt Hilfestellung. Ist Ihr Welpe gerade vertieft mit seinem Kauknochen beschäftigt, lassen Sie in seiner Nähe z. B. einen Schlüssel fallen oder einen kleinen Topfdeckel. Beachten Sie dabei unbedingt obenstehende Faustregel! Schaut Ihr Welpe überrascht auf, lassen Sie einfach eine Handvoll Futter vor ihm auf den Fußboden fallen. Sie selbst zeigen sich unbeeindruckt. So lernt er Stück um Stück, sich nach Überraschungen immer schneller wieder zu sortieren.

Sie Ihren Welpen frei, aber die Person geht nicht auf Ihren Welpen ein. Sie selbst sind betont herzlich mit diesem. Belohnen Sie jeden Schritt in Richtung Entspannung beim Welpen. Aber zwingen Sie ihn auf keinen Fall zum Kontakt.

Spielen für die Bindung

Spielen ist wichtig für Ihre Beziehung zu Ihrem Welpen. Kinder wissen dies meist intuitiv. Sie gehen selbstverständlich mit dem Familienhund auf Entdeckungsreise und spielen mit ihm einfach um des Spielens willen. Hunde lernen sich beim ungezwungenen miteinander Spielen kennen, bauen Bindungen auf, setzen Grenzen und öffnen auch welche. Darum ist es wichtig, dass auch Sie als „Bestimmer" mit Ihrem Welpen spielen.

Aber wie geht richtiges Spielen? Hierüber sind mittlerweile eigene Bücher geschrieben worden, um alte Pseudoweisheiten zu enttarnen. Zerrspiele sind ein solches Beispiel. Aggressiv sollten sie machen. Und das Jagdverhalten forcieren. Man war quasi selbst schuld daran, wenn bei allem Training, der eigene Hund doch noch auf die Eichhörnchen losging oder den Postboten anknurrte. Alles nur, weil man mal ausgelassen mit dem eigenen Hund gezergelt hatte ... Bei der Hunde-

Fremde Hunde

Da sich der Welpenschutz nur auf das eigene Rudel bezieht, lassen Sie Ihren Welpen nur Kontakt zu Hunden aufnehmen, die gut mit Welpen umgehen können. Fremde Hunde müssen Ihren Welpen nicht mögen. Wenn möglich, suchen Sie sich ein breites Potpourri an Hundetypen aus – klein, groß, schmal, gewichtig, mit kurzem und mit langem Fell, ... Auf diese Weise lernt Ihr Welpe bereits alle Variationen kennen.

Fremde Personen

Ein Mann in Uniform kann sehr schmuck aussehen – Ihr Welpe verunsichert dieser Anblick vielleicht aber im ersten Augenblick. Egal, ob Feuerwehrmann, Postbote, Handwerker oder Ähnliches, Uniformen lassen einen Menschen anders aussehen. Sie riechen auch meist anders. Männer mit Bart oder auch Frauen mit Brille? Und schon hat der Welpe etwas Neues zu lernen!

Zeigt Ihr Welpe vor einer bestimmten Person Unsicherheit, dann üben Sie speziell mit dieser. Lassen

> **Trainer-Tipp**
> Bei der Sozialisierung sollten sich alle Beteiligte so normal wie möglich verhalten und nicht auf eventuell ängstliches Verhalten des Welpen eingehen. Mitleid hilft ihm nicht, Entscheidungen zu treffen. Also, egal um was es geht, werfen Sie sich nicht neben ihn und weinen mit, sondern seien sie seine souveräne Stütze. Er darf selbstverständlich Zuflucht bei Ihnen suchen, aber gleichzeitig erleben, dass Sie selbstbewusst weitergehen, weil es tatsächlich keinen Grund gibt, Furcht zu haben.

erziehung geht es schließlich um das Erlernen von Kommandos, nicht darum, Spaß zu haben! Diese Zeiten sind zum Glück vorbei. Natürlich können wir nicht genauso spielen wie ein Hund. Wir sind Menschen. Aber wir können das Spielverhalten soweit möglich kopieren. Und dies geht mit Beute, also z. B. einem Zergeltau, und auch ohne.

Egal, welches Spiel Sie und Ihr Welpe bevorzugen, es gibt drei Regeln:

1. Seien Sie beide ausgelassen,
2. Ihr Welpe respektiert, dass ein Mensch kein Fell hat und
3. Sie bestimmen das Spielende.

Spielen mit Beute

Beim Spielen mit Beute geht es um das Gewinnen und Tauschen des Beutegegenstandes. Wichtig zu wissen ist dabei, dass nur das kranke Beutetier zum Hund laufen würde. Bieten Sie Ihrem Welpen darum das Tau nicht an, indem Sie es ihm ins Maul legen. Zeigen Sie es ihm kurz und bewegen Sie es dann von ihm weg. Und er wird hinterher wollen. Begeben Sie sich dabei gern auf alle viere und beugen Sie Ihren Oberkörper herunter. Genauso wie es ein Hund bei einer Spielaufforderung tun würde. Hat Ihr Welpe die Beute erfasst, können Sie entweder loslassen und ihn loben, dass er es sich erhascht hat. Oder aber, wenn er bereits die Beute gut festhält, an der anderen Seite des Taus ein wenig zergeln. Haben Sie Spaß! Lassen Sie ihn gewinnen – er wird stolz wie Oskar sein! Und bevor er das Interesse verliert, nehmen Sie ihm die Beute wieder ab und beenden das Spiel.

Spielen ohne Beute

Das Spielen ohne Beute kann genauso viel Spaß machen. Laufen Sie mit Ihrem Welpen um die Wette. Balgen Sie sich mit ihm am Boden. Buddeln Sie gemeinsam im Sand nach spannenden Dingen. Beim Spielen ohne Beute zeigt sich besonders, ob eine Beziehung harmonisch ist. Denn dann gibt es kein „künstliches" Bindeglied zwischen Mensch und Hund.

Welche Regeln sind mir wichtig?	Priorität

Was soll mein Hund unbedingt kennenlernen?	

Bei allen guten Manieren ist es ratsam, unserem Hund für den Alltag zusätzlich ein paar Signale beizubringen. Ähnlich einem Werkzeugkasten, der mit den wichtigsten Werkzeugen bestückt ist.

Ausbildung

Was Hänschen nicht lernt ...

Genau wie in der menschlichen Ausbildung hat es unbestritten große Vorteile im Leben, wenn der eigene Hund „Lesen und Schreiben" kann, also Sitz und Platz. Wie lernen denn unsere Vierbeiner am besten?

Warum wird gelernt?

Wenn wir ein Lebewesen erziehen wollen, müssen wir wissen, wie es am besten lernen kann. Beachten Sie dieses Wissen, macht die Erziehung Ihres Welpen Spaß und sie ist extrem effektiv in puncto Zeit und Wirkung. Starten Sie jetzt und nicht erst, wenn das sprichwörtliche Kind in den Brunnen gefallen ist.

Warum wird gelernt?

Die Frage ist schnell beantwortet: Lebewesen lernen, damit sie ihre Erfahrungen auch morgen erfolgreich anwenden können. Es wäre sehr mühselig, sich um das Überleben zu kümmern und gleichzeitig jeden Tag neu herausfinden zu müssen, ob ein Apfel essbar ist oder eine Schlange gefährlich. Lebewesen lernen für ihr eigenes Überleben und das Überleben Ihrer Art. Was gut ist für sie, wird wiederholt. Was nicht gut ist, nicht – denn das macht biologisch keinen Sinn. Dies gilt auch für Ihren Welpen. Er verhält sich so und so, weil es ihm Vorteile bringt. Der Mensch ist ihm dabei ziemlich egal. Dies ist kein böses Verhalten, sondern schlichtweg ein natürliches – mit dem wir super arbeiten können.

Wie lernen Hunde?

Hunde haben wie wir Menschen verschiedene Gedächtnis„arten". Im **Ultrakurzzeitgedächtnis** landet alles, was soeben in Form von Reiz und Reaktion passiert ist. Will ich diese Erfahrung zukünftig von meinem Hund abrufen können, muss sie ins **Kurzzeitgedächtnis** und sodann ins **Langzeitgedächtnis** weitergeleitet werden. Dies geschieht über den Aufbau neuer Nervenzellen bzw. Ausbau bestehender. Das Langzeitgedächtnis wiederum wird in ein primäres und ein sekundäres unterschieden. Wissen aus dem primären Langzeitgedächtnis ist zwar vorhanden, kann aber nur relativ schwerfällig abgerufen werden. Will ich ein Verhalten meines Hundes sofort abrufen können, z. B. das Herankommen, dann muss ich es schaffen, dass es im sekundären Langzeitgedächtnis landet. Dies geht nur über entsprechendes Training, also üben, üben, üben. Pushen kann ich das Ganze durch Emotionen. Alles was mit starken Emotionen verknüpft wird, landet sofort im sekundären Langzeitgedächtnis. Aus diesem Grund ist es so wirkungsvoll, sich über die Lernerfolge seines Schützlings ehrlich zu freuen und ihn weiter zu bestärken.

Ein junger Hund reagiert verständlicherweise noch sehr aufgeregt auf eine neue Umgebung. Er kennt sie nicht und ist darum vorsichtig. Ein zielgerichtetes Training kann erst dann stattfinden, wenn er sie mit seinen Reizen erforschen durfte. Dann hat er Sicherheit und kann sich auf unser Training konzentrieren.

Nachahmung

Bei der Nachahmung kopiert der junge Hund die Verhaltensweisen des z. B. älteren Hundes in der Familie. Es werden motorische und soziale Verhaltensweisen nachgeahmt. Auf diese Weise muss ein junger Hund nicht alles selbst von der Pike auf durchleben. Diese Form des Lernens ist bei Hunden sehr verbreitet. Wie so oft gibt es zwei Seiten der Medaille – der junge Hund kopiert natürlich nicht allein die positiven Verhaltensweisen des älteren Tieres ... Ich sollte also aufpassen, mit wem ich meinen Welpen zusammentreffen lasse, was eine gewisse Parallele zur Kindererziehung aufzeigt.

Wir kommen nicht um alle Wiederholungseinheiten herum, können aber den Weg wenigstens etwas abkürzen.

Hunde lernen in jeder wachen Sekunde ihres Lebens. Aus diesem Grund möchte ich im Folgenden nicht nur Lernformen für das gezielte Training vorstellen.

Prägung

Prägung bedeutet beispielsweise das Lernen während einer der sensiblen Entwicklungsphasen (siehe Seite 26). Das Lernen in diesen Perioden ist zwar nicht direkt irreversibel, dort Erlerntes kann außerhalb dieser Phasen jedoch oftmals nur mühselig verändert werden. Räumliches Lernen besteht in der Tatsache, dass mein junger Hund viele unterschiedliche Räume kennenlernen sollte, um mich später als ein relaxter erwachsener Hund auch in neuen Umgebungen begleiten zu können.

Generalisierung – ein Tisch ist ein Tisch

Hunde können schlecht generalisieren. Uns Menschen fällt dies leicht: Wir wissen, dass ein Tisch ein Tisch ist – egal, ob sich dieser im Wohnzimmer oder auf der Terrasse befindet. Für den Hund sind dies zunächst zwei verschiedene Gegenstände. Hunde lernen in Gesamteindrücken. Sie saugen alles mit auf. Hunde nehmen in einer Lernsituation einfach alle Signale auf, d.h. auch, ob wir krumm stehen, die Leckertasche um die Taille haben, welche Kleidung wir anhaben, welches Wetter vorherrscht, ob andere Tiere in der Nähe sind. Wenn mein Hund ein Signal wie z. B. Sitz nicht abrufen kann, muss ich mir also die Frage stellen: Hatte er überhaupt die Chance, das Signal genügend zu generalisieren?

Assoziation

Im zielgerichteten Training lernen Hunde am meisten über Assoziationen: Reiz–Reaktion. Als typisches Beispiel sei hier die Leinenführigkeit genannt. Der Hund zieht (Reiz) – und kommt zu der Grasstelle, an der schnüffeln will (Reaktion). Ich nehme meine Jacke sowie die Hundeleine vom Haken (Reiz) – und mein Hund freut sich auf den Spaziergang (Reaktion). In diesen Bereich gehören auch die klassische und die operante Konditionierung.

Von der **klassischen Konditionierung** haben Sie sicherlich schon einmal gehört. Der Russe Pawlow hat einen Hund dazu gebracht, zu speicheln, sobald eine Glocke ertönt. Wie hat er das geschafft? Immer, wenn er eine Glocke ertönen ließ, stellte er dem Hund einen vollen Napf mit Futter hin. Der Hund verknüpfte: Glockenton = Futter. Als Folge produzierte er Speichel. Interessanterweise funktioniert das Ganze auch dann, wenn man die Reize (auch Auslöser genannt) voneinander trennt. Glockenton allein = Erinnerung an Futter = Speichel. Die klassische Konditionierung war geboren.

Bei der **operanten Konditionierung** sprechen wir von einem freiwilligen Testen. Es erfordert viel Kreativität und Motivation des Hundes. Über Versuch und Irrtum versucht der Hund, zu erkennen, was

z. B. der Mensch von ihm will, welches Verhalten er zeigen soll. Sanktionen haben hier nichts zu suchen. Wer gestresst ist, kann sich nicht frei entfalten und lernen. Hier greift auch das sogenannte Clickertraining (Training mit Markersignalen). Das Thema Clicker sprengt leider den Buchrahmen. Es gibt aber tolle Anleitungen in der Literatur.

Damit Ihr Welpe gut lernt, benötigen Sie Struktur:

Schritt 1: Definieren Sie das gewünschte Verhalten Ihres Hundes.

Schritt 2: Entscheiden Sie, ob Sie dieses Verhalten verstärken oder verringern wollen.

Schritt 3: Entscheiden Sie, ob Sie der Situation mit Ihrem Hund etwas hinzufügen oder aber entziehen wollen (siehe dazu Seite 70/71).

Nicht für die Ewigkeit? Extinktion

Der Fachbegriff Extinktion stammt aus der Psychologie und hierunter verbirgt sich das „Löschen" von Verhaltensweisen: Das aus Hundesicht ehemals lohnenswerte Verhalten wird ab sofort von uns nicht mehr belohnt. Auf diese Weise sieht unser Hund keine Veranlassung mehr, es zu zeigen. Es gibt nur ein Problem – das Gehirn ist in dem Fall dem Internet ähnlich: Wir können Daten löschen, aber sie gehen nie dauerhaft verloren. Belohnt nun also ein Besucher beim Begrüßen an der Tür auch nur einmal unseren Hund plötzlich fürs Anspringen („Ach, das macht doch nichts. Mich stört das nicht!"), so ist das alte Verhalten sofort wieder da. Und erneutes Training muss erfolgen.

Das kann mein Welpe schon:

_____

_____

_____

_____

_____

_____

_____

_____

_____

_____

_____

_____

Opportunist Hund

Hunde sind im Grunde kleine Egoisten: Wenn sie das in unseren Augen „richtige" Verhalten zeigen, wollen sie uns damit nicht eine Freude machen, sondern im Vordergrund steht: „Was lohnt sich für mich ... und was eher nicht?" Darum ist es hilfreich, sich mit Lernmechanismen auseinanderzusetzen.

Lohnt's sich?

Welche Lernmechanismen gibt es? Wissenschaftlich betrachtet sprechen wir bei den möglichen Lernmechanismen grundsätzlich aller Lebewesen (das funktioniert also sowohl bei Kindern als auch bei Hunden ganz ähnlich) von zwei Kategorien:

1 **Belohnung:** Wenn die Konsequenz seines Verhaltens für das Lebewesen positiv ist.

2 **Sanktion:** Wenn die Konsequenz für das Lebewesen eine unangenehme Erfahrung mit sich bringt.

Damit das Lebewesen überhaupt einen Zusammenhang aus seinem Verhalten und den gegebenen Konsequenzen ziehen kann, müssen diese in einem engen Zeitfenster aufeinanderfolgen (sogenanntes **Timing**). Aus diesem Grund bringt es auch nichts, dem Welpen die Pieselpfütze zu zeigen, wenn man wieder zu Hause ist. Er kann den Zusammenhang nicht mehr verstehen. Ich hätte einfach früher daheim sein müssen.

Positive Verstärkung

Indem Sie Ihrem Hund auf ein bestimmtes Verhalten hin etwas geben, das er gern möchte, erhöhen Sie die Wahrscheinlichkeit, dass er das Verhalten erneut zeigt. Indem Sie Ihrem Hund ein Leckerli geben, sobald er sitzt, erhöhen Sie die Wahrscheinlichkeit, dass er sich auch das nächste Mal hinsetzen wird.

Sowohl die Belohnung als auch die Sanktion können positiv oder negativ sein. Positiv und negativ sind dabei nicht als Wertung zu verstehen. Sie bedeuten lediglich das Hinzufügen oder Entfernen eines **Reizes**. Man spricht von einem methodischen Vorgehen im Training, das ohne viele Emotionen von statten geht. Entweder lohnt sich etwas für unseren Hund oder es lohnt sich nicht. Die

sogenannten Verstärker spielen dabei die Rolle eines Katalysators, der unseren Hund in Richtung erwünschtem Verhalten pusht.

Belohnung

Belohnung ist alles, was der Hund als angenehm empfindet. Das kann die klassische Futterbelohnung sein, also das Leckerli, oder auch ein Spiel mit bzw. ohne Beute. Es kann sich aber genauso um ein freigegebenes Spiel mit einem anderen Hund oder das Baden im See handeln, eine Kuschelrunde, das Einladen, neben Ihnen auf der Couch liegen zu dürfen und … und … und.

Sanktion

Unter Sanktionen sind alle Maßnahmen zu verstehen, die ein nicht gewünschtes Verhalten nicht wieder auftreten lassen.

Eine **positive Sanktion** bedeutet, wir geben einen negativen Reiz hinzu, der eine Vermeidungsreaktion hervorruft, um die Wahrscheinlichkeit zu steigern, dass das Ursprungsverhalten nicht mehr ausgeführt wird. Beispiel: Wir erschrecken unseren bellenden Hund mit dem plötzlichen Lärm einer Fußballtröte, damit er zu bellen aufhört. Ob das Ganze gefruchtet hat und was tatsächlich verknüpft wurde, kann ich erst sagen, wenn ich das veränderte Verhalten in einer ähnlichen Situation beobachten konnte. Soll die Reaktion außerdem lebenslang bestehen, so muss mein Reiz hoch genug sein.

Die **negative Sanktion** bedeutet, wir nehmen dem Hund etwas weg, das er haben will, um die Wahr-

Negative Verstärkung

Indem Sie etwas Unangenehmes entfernen, erhöhen Sie die Wahrscheinlichkeit, dass ein Verhalten wiederholt gezeigt wird.

Indem Sie das unangenehme Geräusch stoppen, sobald Ihr Hund aufhört zu bellen, erhöhen Sie die Wahrscheinlichkeit, dass er nicht mehr bellt. Beachten Sie: Ist der unangenehme Reiz zu stark, kann Ihr Hund womöglich nicht erkennen, wann genau dieser Reiz aufgehört hat. Letztlich versteht Ihr Hund dann nicht, was das von Ihnen gewünschte Verhalten ist.

Hintergrundwissen

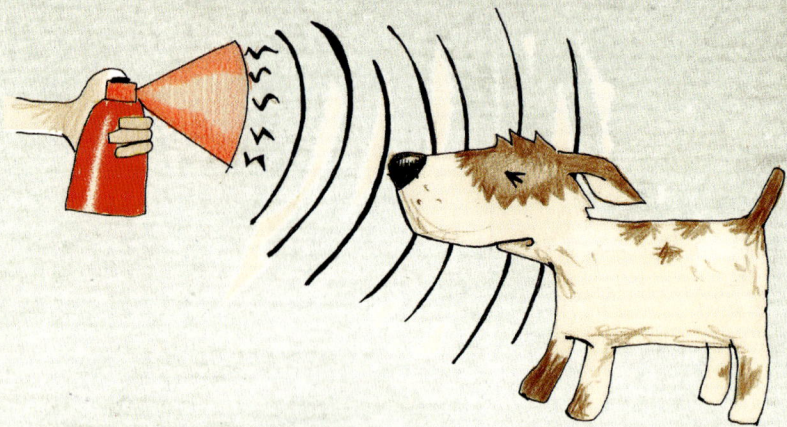

Positive Bestrafung

Indem Sie etwas Unangenehmes hinzufügen, verringern Sie die Wahrscheinlichkeit, dass ein Verhalten erneut gezeigt wird. Indem Sie einen unangenehmen und lauten Reiz hinzufügen, während Ihr Hund bellt, verringern Sie die Wahrscheinlichkeit, dass Ihr Hund erneut zu bellen beginnt.

scheinlichkeit zu steigern, dass das Ursprungsverhalten nicht mehr ausgeführt wird. Beispiel: Wir entziehen unserem Hund unsere Aufmerksamkeit, solange er an uns hochspringt, um die Wahrscheinlichkeit zu senken, dass er erneut an uns hochspringt. Diese Form der Sanktion findet sich auch wieder in der Natur. Wer als Jungspunt seine Beute nicht fest genug hält, der lässt sie entwischen. Die Antwort auf eine hohe Erwartungshaltung ist dann herbe Enttäuschung. Das nächste Mal wird aufgepasst – und damit das Verhalten angepasst (siehe Illustrationen).

Verstärkung

Zu einer Verstärkung zählt dabei zunächst alles, mit dem wir ein gewünschtes Verhalten verstärken können – sie kann positiv oder negativ sein.

Eine **positive Verstärkung** bedeutet, wir geben etwas hinzu, um die Wahrscheinlichkeit zu steigern, dass das gewünschte Verhalten ausgeführt wird. Ein Beispiel: Unser Hund erhält ein Leckerli immer dann, wenn er sitzt, damit er sich zukünf-

tig immer öfter hinsetzt. Statt Futter kann es sich auch um Beute, Spiel oder Sozialkontakt (Streicheln, andere Hunde) handeln. Alles was Ihrem Hund angenehm ist. Das bedeutet für uns viel Kreativität, um herauszufinden, was unser Hund überhaupt und in einer speziellen Situation als Belohnung (positive Verstärkung) ansieht.

Unter **negativer Verstärkung** verstehen wir, dass ein negativer Reiz weggenommen wird, der eine Vermeidungsreaktion hervorruft, um die Wahrscheinlichkeit zu steigern, dass das Verhalten erneut gezeigt wird. Ein Beispiel: Unser Hund bellt uns an, während wir ihn anpusten, weil ihm die Situation unangenehm ist. In dem Moment, in dem er nicht bellt, sondern ruhig ist, hören damit wir auf. Augenblicklich wird sich unser Hund wieder wohlfühlen.

Und was heißt das für die Praxis?

Ganz allgemein werden Sie durch das Setzen von Konsequenzen zu einem bestimmten Verhalten (kann eine Belohnung oder auch eine Sanktion sein) den Lernprozess Ihres Welpen in Gang setzen. Da Hunde Opportunisten sind, wird er sein Verhalten zukünftig in ähnlichen Situationen überprüfen und entweder beibehalten, wenn es sich für ihn gelohnt hat, oder eben anpassen.

Darum halte ich sowohl die **positive Verstärkung** als auch die **negative Sanktion** für die besten „Unterstützer" für das Hundetraining.

Mit der **negativen Verstärkung** habe ich für das gezielte Training mit meinen Hunden meine Schwierigkeiten, da die Gefahr des Vertrauensverlustes sehr groß ist. Warum will ich meinen Hund zuvor gängeln, um ihm anschließend die Freiheit zu gewähren?

Die **positive Sanktion** ist von der Natur aus biologischer Sicht für lebensbedrohliche Situationen sicherlich sinnvoll angelegt. Für das aktive Training mit unserem Hund halte ich diesen Weg für heikel. Denn: Setze ich die Stärke des Reizes tiefer, muss ich ihn im Laufe des Hundelebens immer wieder wiederholen, um die Erinnerung für meinen Hund aufrecht zu erhalten. Im Zweifelsfalle mache ich mich so zum Sklaven von Hilfsmitteln, die ich stets an mir oder am Hund mittragen muss. Ein weiteres Dilemma liegt darin, dass mein Hund bei einer positiven Sanktion weitere Elemente in seinen Lernprozess integriert hat. Ein Vogel mag gerade durch das Gebüsch geflogen sein und mein Hund verknüpft mit der positiven Sanktion meinerseits auch das Geräusch des Flatterns. Die Folge kann Unsicherheit vor Vögeln sein.

Negative Bestrafung

Indem Sie Ihrem Hund etwas, was er unbedingt haben will, entsagen, verringern Sie die Wahrscheinlichkeit, dass er sein Verhalten erneut zeigen wird.
Entziehen Sie Ihrem Hund die von ihm eingeforderte Aufmerksamkeit und ignorieren ihn, während er an Ihnen hochspringt, verringern Sie die Wahrscheinlichkeit, dass Ihr Hund Sie erneut anspringt.

Grundübungen

Es gibt Grundlagen, die einfach jeder Hund können sollte, damit er zukünftig für die Welt gewappnet ist. Es gilt, wichtige Alltagsregeln und Grenzen kennenzulernen.

Je besser der eigene Vierbeiner selbstverständliche Grundlagen erlernt hat, desto leichter haben Sie es im Familienalltag.

Ich unterteile die Grundübungen in „Must-haves" und „Nice-to-haves", um die Prioritäten noch besser verdeutlichen zu können. Die Must-haves sind das erste Rüstzeug für Sie und Ihren Welpen. Die Nice-to-haves umschreiben die „Werkzeuge", die die meisten Hundebesitzer benötigen, um noch entspannter auch mit einem freilaufenden Hund den gemeinsamen Alltag zu meistern. Manche Übungen kennen Sie auch bereits aus den Hausregeln. Hier werden jetzt die Trainingsabläufe Schritt für Schritt erklärt.

Stubenreinheit

Heutzutage ist es üblich, dass wir unseren Hund vom Züchter fast stubenrein bekommen. Trotzdem dürfen wir uns nicht auf dieser Tatsache ausruhen. Ein Welpe kann auch sehr schnell „um"lernen und verinnerlichen, das es bei Ihnen okay ist, auf den Wohnzimmerteppich zu pinkeln oder vor dem Gäste-WC eine Tretmiene zu hinterlassen. Der Praxisbezug ist schnell erklärt: Hygiene. Besonders in Haushalten mit Kleinkindern ist der eigene Nachwuchs sonst rasch auf Erkundungstour und planscht in der Welpenpippi bzw. panscht im Welpenpups.

Achtung - ein Signal!
Es gibt dreierlei Arten von Signalen:
1. Der Hund soll *etwas Bestimmtes tun*. Hierzu gehört beispielsweise das Signal Sitz!
2. Der Hund soll *etwas Bestimmtes unterlassen*, auch *Abbruchsignal* genannt. So etwa bei dem Signal Tabu!
3. Dieses Signal hilft dem Hund zu verstehen, wann die *Trainingseinheit beendet* ist, beispielsweise nach einem Okay! Darum spricht man auch von einem *Auflösesignal*.

Signale können dem Hund sowohl *verbal* (z. B. Sitz!), *per Zeichen* (z. B. erhobener Zeigefinger) als auch *körpersprachlich* (z. B. der Hund wird so bedrängt, damit er sich aus Demut hinsetzt) vermittelt werden.

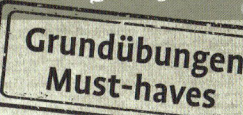
> er gerade Futter gehabt hat,

> er gerade wachgeworden ist,

> er gerade gespielt hat,

> er gerade einen über den Durst getrunken hat oder

> Sie gerade mit ihm trainiert haben.

Untrügliche Zeichen für ein nahendes „Unglück" sind auch: Schnüffelt Ihr Welpe gerade sehr intensiv Ihren Fußboden ab? Fängt er an, Kreise zu drehen? Nimmt er seine Rute immer höher? Dann aber ab nach draußen! Und dann ganz wichtig: Immer wenn das „Geschäft" draußen erledigt wurde, das Loben nicht vergessen! Gern können Sie dazu auch ein Signal geben *Geh pieseln!* – dann erledigt Ihr Welpe seine Geschäfte bald auf Kommando.

Strukturiertes Training
Beginnen Sie mit dem Training stets in reizarmer Umgebung. Bauen Sie dann langsam die Schwierigkeits-grade aus: 1. Distanz, Schritt um Schritt, 2. Zeitspanne, Sekunde um Sekunde. Ändern Sie stets nur eine Variable.

Der wichtigste Faktor beim Top Stubenreinheit sind Sie selbst. Lernen Sie, die Zeichen der Zeit zu lesen. Am besten funktioniert das, wenn Sie den kleinen Knirps genau beobachten und im Grunde vorausahnen, was gleich passieren könnte, um ihn dann rechtzeitig nach draußen zu bringen. Das Optimum ist dabei, dass Ihr Welpe einfach niemals die Möglichkeit hat, bei Ihnen ins Haus zu machen. Auf diese Weise steht Ihrem später erwachsenen Familienhund die Option „Ich könnte auch gleich hier an Ort und Stelle ..." gar nicht zur Verfügung. Weil das mit dem Aufpassen in einem turbulenten Familienalltag nicht leicht ist, gibt es Wegweiser, an denen Sie sich orientie-ren können.

Lassen Sie Ihren Welpen pro forma schon einmal raus, wenn

Wenn Sie keine Zeit haben, Ihren Welpen zu beob-achten (das Telefon klingelt, Ihre Kinder wollen Ihnen etwas erzählen, ...), gehört er in seine ver-schlossene Hundebox bzw. angeleint neben Sie. Auf diese Weise wird er sich bei Ihnen schnell melden, sozusagen am Rockzipfel ziehen, wenn er bemerkt, dass es dringend wird. Je enger der Radius, desto stärker ist bereits das Bedürfnis eines Welpen, auf Hygiene im eigenen Umfeld zu achten.

Und wenn's doch passiert? Machen Sie am besten kein Aufhebens davon. Einfach den Welpen trotz-dem nach draußen bringen und mit Papiertüchern das Malheur wegwischen und gut ist. Der Rat, den man manchmal noch hört, die Welpenschnauze in die Pfütze zu drücken, ist denkbar der schlech-teste ...

Bitte sagen!

Ihr Hund lernt bereits im Welpenalter sich hinzusetzen, wenn er etwas möchte (raus, gestreichelt werden, begrüßen, mit einem anderen Hund spielen, ...). Ein erster Schritt in die Richtung, dass Ihr Welpe lernt zu verstehen, welches die richtige Entscheidung ist und dass er wählen kann.

Ziel der Übung

Ihr Hund lernt „Bitte" zu sagen, anstatt etwas einzufordern (= Impulskontrolle). Dies kommt Ihnen im Alltag zu Gute. Anstatt Besucher und/oder Familienmitglieder zur Begrüßung anzuspringen, lernt Ihr Hund schon jetzt, sich hinzusetzen. Er begreift außerdem, dass es schneller nach draußen geht, wenn Sie ihm sein Geschirr in Ruhe anziehen können, anstatt ihn als hüpfendes Etwas erst bändigen müssen. Diese Übung kennen Sie auch bereits aus den Hausregeln (siehe Seite 46).

Schritt für Schritt

1 Binden Sie für diese Übung Ihren Welpen am besten mit der Leine an sich fest. Auf diese Weise vermeiden Sie, dass er Verhaltensweisen erlernt, die Sie nicht wollen.

2 Je nach Situation ist die Leine mal mehr mal weniger lang.

3 Immer wenn Ihr Welpe Sie ansieht, erhält er Futter.

4 Üben Sie im Haus und auch draußen, z. B. im Garten oder auf dem Feldweg mit ihm.

5 Als Belohnung erhält er jedes Mal einen Futterbrocken von seiner Tagesration an Welpenfutter.

6 Geben Sie ihm den Futterbrocken als Steigerung mit einer Handbewegung über seinen Kopf. Weil es anstrengend ist, mit dem Blick zu fol-

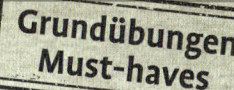
Was tun, wenn's nicht gleich klappt

Bleiben Sie geduldig. Ihr Welpe hat viele Reize zu verarbeiten. Üben Sie in einer reizärmeren Umgebung, z. B. im Wohnzimmer an der Terrassentür während alle anderen außer Haus sind. Schauen Sie sich noch einmal Ihre Belohnungstüte an. Ist der Strauß an Belohnungshappen wirklich so interessant wie Sie denken oder mögen Sie nur einfach Brokkoli sehr gern und haben das auf Ihren Welpen übertragen? Achten Sie darauf, dass Ihr Welpe ausgeschlafen und nicht stressbedingt fahrig ist. Und dann versuchen Sie es erneut. Klappt es nun an der Terrassentür? Super! Jetzt ändern Sie eine Variable. Also z. B. entweder mehr Ablenkung (die Kids sind mit im Haus) oder Sie trainieren an einem anderen Ort (an der Couch, an der Gartenpforte, ...).

gen, wird er sich hinsetzen. Daraufhin erhält er seine Belohnung.

7 Rasch begreift er, dass er auf Sie zukommen und sich hinsetzen soll, um Ihre Aufmerksamkeit zu erhalten.

8 Er hat gelernt, „Bitte" zu sagen. Ab sofort setzt er sich bei Ihnen hin und erhält dann eine Belohnung. Dies kann Streicheln, Spiel oder auch Futter sein.

Trainer-Tipps

Eines der ersten Wörter, die Ihr Welpe lernen sollte, ist sein Name. Er soll mit seinem Namen verknüpfen, dass er gemeint ist. Der Name ist keine Aufforderung, eine Handlung auszuführen, wie beispielsweise zu Ihnen zu kommen. Setzen Sie in diesem Fall immer noch das jeweilige Signal hinter den Namen, also z. B. „Anton, Hier!".

Wenn Sie schnell von A nach B müssen und der an Ihnen festgebundene Welpe kommt Ihrem Tempo nicht hinterher, nehmen Sie Ihn einfach kurz auf den Arm. Denn wer will denn schon hinterhergezogen werden ☺

Warte!

Zu warten ist natürlich erst einmal ziemlich langweilig, da gibt es auch keinen Unterschied zwischen zwei- und vierbeinigem Nachwuchs. Warten zu können ist aber wichtig. Es geht hierbei um die Impulskontrolle und ist der erste Trainings-Baustein, um Ihrem Hund verständlich zu machen, dass er nicht sofort all das erhält, was er möchte.

Ziel der Übung

Warten ist für Hunde essenziell – gerade auch, um sich seines Platzes innerhalb einer Familie bewusst zu werden. Er wird lernen, das Warten positiv zu sehen.

Ihr Hund muss warten, während Sie Ihre Kinder und sich zum Gassigehen oder die KiTa anziehen. Er muss warten, bis Sie ihn ableinen und zu einem anderen Hund lassen. Er muss warten, bis Sie mit ihm spielen. Er muss warten, wenn Sie den Tisch für das Mittagessen decken. Ob er hierbei steht, liegt oder sitzt ist unerheblich. Der innere Gemütszustand ist wichtig. Das Ziel dieser Übung ist ein ruhig abwartender Hund, der Sie zuerst agieren lässt. Warten ist die Grundlage für Parken! (siehe Seite 86) und Freeze! (siehe Seite 100). Die Übung Warte! kennen Sie auch bereits aus den Hausregeln (siehe Seite 46).

Schritt für Schritt

Möglichkeit 1:

1 Leinen Sie Ihren Hund an. Stellen Sie sich auf die Leine oder binden Sie ihn an einem festen Gegenstand wie einer Bank fest.

2 Warten Sie seinen Blickkontakt und ruhiges Verhalten ab.

3 Belohnen Sie ihn! Funktioniert dies gut, geben Sie das verbale Signal *Warte!*, während er ruhig und aufmerksam wartet. Belohnen Sie ihn anschließend erneut.

Möglichkeit 2:

1 Nehmen Sie Ihren Welpen auf den Arm und stellen Sie ihn auf eine erhöhte, schmale Unterlage, etwa auf eine hohe Kiste.

2 Achten Sie darauf, dass Ihr Hund nicht herunterspringt! Ziel ist, dass sich Ihr Hund in der ihm ungewohnten Situation ruhig verhält, weil er an Sie glaubt und Ihnen vertraut, dass alles okay ist.

Bleib!

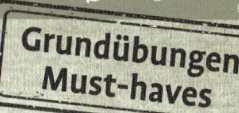
Möglichkeit 3:

1 Binden Sie Ihren Hund während eines Spaziergangs oder auch im Garten z. B. an einer Bank fest.

2 Stellen bzw. setzen Sie sich etwas außer Reichweite Ihres Welpen hin.

3 Warten Sie bis er sich ruhig verhält. Idealerweise legt er sich hin und beobachtet die Umgebung bzw. knabbert an einem Stöckchen.

4 Belohnen Sie ihn anschließend durch eine sanfte Liebkosung und dem anschließenden Fortsetzen des Spazierganges.

5 Haben Sie ein gutes Gefühl, lassen Sie ab dem nächsten Mal das verbale Signal *Warte!* einfließen wie bei Möglichkeit 1 und 2 auch.

Was tun, wenn's nicht gleich klappt

Sie üben und üben und haben das Gefühl, es bringt nichts? Binden Sie Ihre Kinder mit ein. Bitten Sie sie um ihre Meinung. Kinder haben noch eine natürliche Art der Beobachtung und erkennen oftmals kleinste Veränderungen. Belohnen Sie Ihren Hund zu schnell? Sind Sie selbst doch etwas unentspannt? Gerade bei der Warte!-Übung zeigt sich wieder, dass wir ein Spiegel für unsere Schutzbefohlenen sind. Lassen Sie Ihre Kinder die Möglichkeiten 1 und 3 üben und beobachten Sie wiederum aus der Distanz. Es gibt so viele Wege, die nach Rom führen. Sie werden einen Weg finden, der zu Ihnen und Ihrem Welpen passt!

3 Lassen Sie nun langsam die Arme sinken, atmen Sie ruhig und stehen Sie selbstbewusst. Sollte Ihr Hund beginnen, unruhig zu werden, halten Sie ihn sanft, aber bestimmt mit Ihren Armen fest. Lassen Sie dann wieder los.

4 Sobald er sich einen Moment ruhig verhält, heben Sie ihn wieder herunter.

5 Sie erkennen, dass Ihr Hund sich gut mit der Situation arrangiert? Fügen Sie nun zusätzlich das verbale Kommando *Warte!* ein.

6 Die Belohnung stellt hier das anschließende Herunterheben dar. Ihr Hund lernt: Warte ich ruhig, dann hebt mein Mensch mich gleich wieder herunter.

Nicht Hochspringen!

Damit erst gar keine Diskussionen über geklaute Pausenbrote, dreckige Kleidung und niedergerungene Besucher entstehen, ist es wichtig, schon Ihrem Welpen zu vermitteln, dass sich sein Leben auf dem Boden abspielt.

Schritt für Schritt

1 Wenn Ihr Hund Sie anspringen will, gehen Sie einfach einen Schritt auf ihn zu. Sie können die Bewegung zusammen mit Ihrem Abbruchsignal ausführen (siehe Seite 96), sofern dieses bereits gefestigt ist.

2 Anschließend belohnen Sie Ihren Hund, indem Sie freundlich und unaufgeregt mit ihm sprechen.

3 Dies funktioniert in der Regel sehr gut, da Sie Ihren Hund mit der plötzlichen Nähe aus seinem Konzept und Gleichgewicht bringen. Außerdem nehmen Sie sich mit dieser Bewegung den Ihnen als Familienoberhaupt zustehenden Raum.

Ziel der Übung

Ziel dieser Übung ist ein Hund, der gelernt hat, dass sein Leben auf dem Boden stattfindet. Emotionale Hunde springen sonst oftmals Kleinkinder an, die noch nicht gut oder ältere Menschen, die nicht mehr gut auf den Beinen sind. Es danken einem ganz bestimmt alle Mitmenschen, wenn der Hund sie nicht anspringt – insbesondere ängstliche Menschen und Schwangere. Diese Übung kennen Sie ebenfalls bereits aus den Hausregeln (siehe Seite 47).

Was tun wenn's nicht gleich klappt?

Bei manchen Teams funktioniert die beschriebene Vorgehensweise nur bedingt, da der Hund beispielsweise sehr schnell ist oder der Mensch nicht besonders groß.

In dem Fall kann innerhalb der Räumlichkeiten die Hausleine hilfreich sein. Treten Sie zusätzlich mit einem Fuß auf die Leine. Hüpft Ihr Hund nun hoch, korrigiert er sich selbst, weil die Leine ihn in seiner Aufwärtsbewegung stoppt.

Diese Form ist besonders gut einzusetzen, wenn der Welpe oder der Junghund gern Kinder oder Besuch anspringt. Wir als Familienoberhaupt bleiben handlungsfähig und können unseren Vierbeiner stoppen.

Die häufig zu lesende Empfehlung, man solle sich in dem Moment, wenn der Hund an einem hochspringt, einfach wegdrehen, funktioniert nur bedingt. Damit sie Erfolg versprechend ist, müssten sich alle, aber wirklich ALLE Menschen daran halten – das ist nahezu unmöglich.

Achtung, Verhaltenskette!

Viele Menschen geben Ihrem Hund ein *Sitz!*-Signal, wenn dieser hochspringt. Anschließend wird der Hund für das Sitzen belohnt. Das kann funktionieren. Muss es aber nicht. Manche Hunde lernen hieraus auch: „Springe ich meinen Menschen an, dann schenkt er mir Aufmerksamkeit, gibt mir ein Signal, das ich befolgen kann und ich bekomme eine Belohnung." Die Folge ist eine Verstärkung des Anspringens, weil dies für unseren Hund der erste Schritt zu seiner Belohnung darstellt. Ich rate daher zu der oben beschriebenen moderaten Belohnung, sobald der Hund wieder alle vier Pfoten auf dem Boden hat.

Trainer-Tipp

Die meisten Hunde springen Menschen an, um diesen auf hündische Art das Gesicht abzulecken. Reagieren wir darauf barsch, wird er uns verstärkt anspringen, um sich noch mehr zu unterwerfen. Die Folge: noch mehr Gehüpfe. Bringen Sie Ihrem vierbeinigen Familienmitglied also ganz unaufgeregt bei, dass diese Art der Begrüßung bei Ihnen nicht erwünscht ist. Ruhiges Verhalten dagegen schon.

Leinenführigkeit

Ihnen soll nicht dasselbe passieren wie vielen Hundebesitzern, nämlich dass im Grunde der Hund mit dem Menschen Gassi geht und nicht umgekehrt? Mit der Step-by-Step-Anleitung erfahren Sie, wie Sie bereits im Welpenalter vorsorgen können, um später einen leinenführigen Hund zu erhalten.

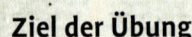

Ziel der Übung

Hunde ziehen, weil sie gelernt haben, dass sich dieses Verhalten lohnt. Manchmal stellt das An-der-Leine-Ziehen leider auch die einzige körperliche Herausforderung für einen Hund dar. Ihr Hund sollte an der von Ihnen gewünschten Seite an lockerer Leine auf Höhe Ihres Beines laufen. Alles andere erschwert beispielsweise das Mitlaufen am Kinderwagen oder das gleichzeitige Unterstützen Ihres Kindes beim Radfahren lernen.

Schritt für Schritt

1 Nehmen Sie Ihren Welpen an die Leine und Futterbrocken aus Ihrer Tasche in die Hand.

2 Füttern Sie ihn in kurzen Intervallen, sobald er artig auf der von Ihnen favorisierten Seite neben Ihnen läuft und aufmerksam ist.

3 Läuft dies gut, versuchen Sie auch dies: Nehmen Sie Ihren Hund an die *kurze* Leine, damit er so das Signal erhält, dass an dieser Leine kein Schnüffeln gewünscht ist.

4 Wenn Sie zu Beginn zügig gehen, fällt besonders jungen oder lauffreudigen Hunden diese Übung leichter.

5 Beginnen Sie mit Ihrem Hund an Ihrer Seite: Stellen Sie sich einen Besenstil vor, den Sie sich vorn an Ihre Kniescheiben geklebt haben und der die Begrenzung für Ihren kleinen Knirps darstellen soll.

6 Stellen Sie sich mit einer kleinen Drehung vor Ihren Hund, sobald er vorläuft, und lassen Sie ihn rückwärtsweichen. Wenn Sie dabei auf eine gerade und souveräne Körperhaltung achten, ist es für Ihren Welpen leichter zu verstehen, dass er zurückgehen soll.

7 Dann drehen Sie sich einfach kommentarlos um und marschieren voran.

Was tun wenn's nicht gleich klappt?

Sobald Ihr Hund nun an Ihnen vorbeilaufen will, haben Sie verschiedene Möglichkeiten, zu reagieren:

1 Sie können ein unwilliges Knurren oder auch Zischen ertönen lassen und Ihren Welpen wie beim Start zurückdrängen. Dieses Mal aber ein paar Schritte mehr!

2 Sie können ihn auch ermahnen (Abbruchsignal!) und eventuell mittels Futterbrocken zurück auf die richtige Laufhöhe locken.

3 Ebenso können Sie abrupt stehen bleiben und warten, dass er von sich aus zu Ihnen zurückkommt.

4 Was ebenfalls sehr gut hilft, ist Linkskreise zu laufen (wenn der Hund links von Ihnen läuft, ansonsten eben Rechtskreise). So können Sie Ihren Schnellspurter wieder „einfangen", bevor er an Ihnen vorbeisaust.

5 Lassen Sie Ihren Hund an der kurzen Leine weder schnüffeln noch später im erwachsenen Alter markieren. Dies macht es Ihrem Hund leichter zu verstehen, dass er sich einfach nur auf Höhe Ihres Beins aufhalten soll. Nicht mehr und nicht weniger. Diskussionen gehen Sie damit von vornherein aus dem Weg. Schnüffeln etc. ist wieder an langer Leine bzw. im Freilauf erlaubt.

In der Regel führt eine Variation dieser Maßnahmen zum Erfolg. An einem Fakt aber kommen Sie nicht vorbei: Sie müssen üben, üben, üben! Und zwar in all Ihren Alltagssituationen. Soll Ihr Hund an lockerer Leine laufen, während Sie z. B. einen Kinderwagen schieben, so ist es wichtig, dass Sie dies (möglichst erst ohne Kind) mit ihm gezielt üben. Lassen Sie sich nicht entmutigen.

Ob Sie Ihren Hund links oder rechts führen, bleibt Ihnen überlassen. Wenn Sie z. B. eine Begleithundeprüfung absolvieren wollen, hilft es, die linke Seite zu nehmen. Bei offiziellen Prüfungen muss ein Hund links laufen, wenn kein Härtefall vorliegt.

Erst kurz, dann lang
Beim Gassi-Start gehen Sie zunächst ein paar Minuten mit Ihrem Welpen an der kurzen Leine, anschließend darf er an längerer Leine oder im Freilauf schnüffeln. Damit stellen Sie Grenzen deutlich dar. Denn wer seinen Hund, kaum aus der Haustür oder dem Auto, sofort selbstbestimmt laufen lässt, vermittelt ihm: „Du bist der Chef, check die Lage! Ich lauf dir hinterher."

Decke! Box!
Körbchen!

Das Signal *Decke!* weist Ihrem Hund einen festen und für jedermann sichtbaren Platz zu: Geh zur Decke und bleibe dort so lange, bis ich dich rufe. Ein einfacher und klarer Sachverhalt und kein weiterer Job wie aufzupassen oder zu kontrollieren. Easy!

Ziel der Übung

Nun macht sich das Üben des ersten Impulskontrolle-Bausteins bezahlt, dem Warte! Ihr Vierbeiner soll sich, im Gegensatz zum auf Seite 86 beschriebenen Parken!, direkt auf seine spezielle Decke (in seine Box oder in sein Körbchen) begeben und dort so lange bleiben, bis er das nächste Signal bekommt, beispielsweise das Ende des Decken-Kommandos. Dies hat verschiedene Vorteile: Sie können Ihren Hund „aus dem Weg räumen", wenn

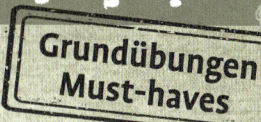

Sie beispielsweise Besuch mit vielen Kindern erwarten oder auch, wenn Sie im Haus aufräumen oder saubermachen wollen. Toll ist das Kommando auch, wenn Sie Besuch von jemandem erwarten, der Angst vor Hunden hat. Dieser weiß dann, dass sich Ihr Hund nicht von seiner Decke fortbewegen wird. Ob sich Ihr Hund auf seiner Decke hinlegt, steht oder sitzt, ist bei dieser Übung egal. Er soll lediglich nicht die Zone seiner Decke verlassen.

Schritt für Schritt

1 Machen Sie Ihrem Hund den Ort schmackhaft, indem Sie ihn mit Hilfe eines Futterbrockens dorthin locken. Belohnen Sie ihn auf der Decke.

2 Stellen Sie sich in zwei Schritten Entfernung aufrecht hin. Halten Sie sichtbare Futterbrocken in Ihrer Hand, damit Ihr Welpe zu Beginn leicht zu motivieren ist.

3 Nun weisen Sie mit der kekslosen Hand in einer weit ausladenden Geste und vielleicht einem aufmunternden Kopfnicken auf die Decke.

4 Geht Ihr Welpe in Richtung Decke, loben Sie ihn verbal. Anfangs dürfen Sie ihm mit einer deutlichen Geste helfen, damit er auch wirklich den ganzen Weg auf die Decke geht. Auf der Decke wird Ihr Welpe wieder belohnt.

5 Alternativ wartet Ihr Vierbeiner, während Sie einen Futterbrocken auf die Decke legen. Sie gehen zu ihm zurück und senden ihn dann zur Decke.

6 Jetzt nehmen Sie die Decke zu Ihrem Schreibtisch oder in die Küche mit – wo auch immer Sie sich aufhalten.

7 Schicken Sie Ihren Hund auf seine Decke (am einfachsten mit dem verbalen Signal *Decke!*) und geben Sie ihm nun einen leckeren Kauknochen oder etwas Ähnliches zur Belohnung.

Was tun, wenn's nicht gleich klappt

Will Ihr Welpe seine Decke zum Kauen verlassen, nehmen Sie ihm den Knochen entspannt, aber bestimmt wieder ab, schicken Sie ihn abermals auf seine Decke und dort bekommt er erneut seinen Knochen. Er wird schnell lernen, dass er einfach auf seiner Decke bleiben muss, wenn er den Knochen in Ruhe fressen will. Durch die räumliche Nähe zu Ihnen vermeiden Sie, dass er aufsteht, um den Knochen bei Ihnen zu fressen, weil er Ihnen verbunden ist. Später können Sie die Distanz seiner Decke zum eigentlichen Geschehen (Besuch, Handwerker etc.) Stück um Stück vergrößern.

Golden Retriever

Parken!

Oh ja, auch diese Übung hat mit Warten zu tun – was für ein Hundeleben ... Beim Parken des Hundes geht es darum, Ihren Vierbeiner entspannt festbinden zu können, ohne dass er jammert oder gar die Leine durchbeißt.

Ziel der Übung

Für alle Hundebesitzer ist es von Vorteil, wenn der Hund mal eben angebunden, also „geparkt" werden kann und er an Ort und Stelle entspannt wartet (siehe Hausregeln Seite 48). Das Einsatzgebiet ist vielfältig: Sie wollen beispielsweise kurz wegen Ihrer Jüngsten die Kindergärtnerin etwas fragen und der Hund darf nicht mit rein. Oder Sie wollen geschwind zum Bäcker rein, die Brötchen kaufen und möchten Ihren Hund für sich und andere sicher „geparkt" wissen. Auf diese Weise wissen Sie, Ihrem Hund kann nichts passieren – und Ihr Lausehündchen wird Ihnen nicht freudestrahlend mit der abgebissenen Leine an der Ladenkasse begegnen. Im Gegensatz zur Übung Warte! (siehe Seite 78) ist Ihr Hund beim Parken! angeleint (Änderung Variable 1: Festgebundensein). Weiteres Ziel dieser Übung ist es, dass Ihr Hund nicht nur einen kurzen Moment abwartet wie beim Warte!, beispielsweise bis die Schuhe fertig angezogen sind und es hinaus in den Park geht, sondern, dass er auch einen Moment länger ohne Sie auskommen muss (Änderung Variable 2: Zeit).

Achten Sie bitte generell darauf, in welcher Umgebung Sie Ihren Hund ohne Aufsicht lassen. Es könnten unvermittelt andere Hunde oder Kinder auftauchen, um ihm Hallo zu sagen und ihn zu streicheln. Kann er damit umgehen?

Schritt für Schritt

Binden Sie Ihren angeleinten Welpen an einem Pfosten, einem Zaun oder Ähnlichem fest. Nun üben Sie das Warten auf Distanz:

1 Mit Keksen in der Hand oder in der Tasche gehen Sie maximal einen Schritt zurück, ohne dass Ihr Kleiner Ihnen folgen kann. Nehmen Sie dabei eine aufrechte Körperhaltung ein, gern mit offener Handfläche nach vorn. Damit signalisieren Sie Ihrem Hund per Sichtzeichen „Stopp, bleib wo du bist!"

2 Ist er schön artig und zappelt, jault oder bellt nicht, gehen Sie sofort zurück und geben ihm einen Keks oder streicheln ihn sanft und beruhigend (Streicheln kommt leider bei jungen Hunden nicht immer so gut an). Und: wiederholen, wiederholen, wiederholen.

3 Pendeln Sie vor und zurück. Versuchen Sie, die Distanz auszudehnen. Fordern Sie Ihr Glück zwischendurch auch ruhig einmal heraus

und übertreiben Sie es. Dadurch werden Sie feststellen, wie kurz oder weit die Distanz wirklich ist, die Ihr Hund noch aushalten kann.

4 Ziel der Übung ist grundsätzlich, dass der Hund ruhig bleibt. Führen Sie ab sofort das verbale Signal *Parken!* ein, bevor Sie sich ein paar Schritte von Ihrem Welpen entfernen.

5 Läuft das Training gut, dann verschwinden Sie auch kurzzeitig um die Ecke und damit außer Sicht. Auf diese Weise trainieren Sie das Festgebundensein, während Sie kurz zur Toilette ins Restaurant gehen oder beim Bäcker die Brötchen kaufen.

Was tun, wenn's nicht gleich klappt

Sollte Ihr Welpe Schwierigkeiten mit dieser Übung haben, so ist er in der Regel erstens nicht ausgeschlafen (wir üben am Ende des Spazierganges, weil dort ein toller Zaun steht) oder aber, die Distanz ist zu groß und damit die Zeit, die Sie von Ihrem Welpen getrennt sind. Gerade Letzteres ist ein wichtiger Punkt, wenn wir in einer neuen Umgebung üben wollen. Lassen Sie ihn zuerst die Gegend erkunden und beginnen Sie dann mit dem Training. Bleiben Sie nahe genug bei ihm. Üben Sie vorher noch einmal nachhaltig das Warten von Seite 78.

Alleine sein können!

So schön es ist, dass Sie Ihrem Hund eine umsorgende Betreuung bieten können, es ist sehr wichtig für ihn zu lernen, dass er auch alleine bleiben kann. Ihr Welpe lernt das Allein-sein noch nebenbei.

Ziel der Übung

Familienalltag kann turbulent sein. In manchen Situationen sollten Sie Ihren Welpen/Junghund schützen, damit er keine Reizüberflutung erleidet und an manchen Orten sind Hunde aus unter-schiedlichen Gründen einfach nicht erlaubt. Wenn Sie mit Ihren Kindern ins Freibad, Museum oder auch zu einem anderen Kindergeburtstag gehen wollen, kann Ihr Hund jetzt und auch später in der Regel nicht mitkommen. Kein Problem, wenn er gelernt hat, dass es okay ist, zu Hause auch ein-mal ein paar Stunden allein zu sein. Gut, dass Sie das gleich jetzt trainieren, denn einem ungeübten Junghund wird es schon schwerer fallen, alleine zu bleiben. Bei erwachsenen Hunden müssen wir schon extremen Einsatz zeigen, damit sie sich von Trennungsängsten befreien können. Diese Übung kennen Sie auch bereits aus den Hausregeln (siehe Seite 48).

Schritt für Schritt

Alleine sein können! können Sie auch **draußen** während des Spaziergangs durchführen:

1 Suchen Sie sich eine Parkbank und leinen Sie Ihren Welpen, ein Stück von Ihnen entfernt, neben sich an. So lernt er, dass er nicht immer ganz in Ihrer Nähe sein darf.

2 Entspannt er sich, warten Sie noch ein wenig, bevor Sie den Spaziergang fortsetzen.

Eine Trainingsoption für drinnen ist ... mit Box:

1 Wenn Ihr Welpe müde von all den Eindrücken ist, dann nehmen Sie ihn in die Box und machen diese zu.

2 Gehen Sie ins Nachbarzimmer, Sie können auch kurz den Müll rausbringen. Werfen Sie im Badezimmer einen Blick in den Spiegel – verlassen Sie einfach für einen kurzen Moment Ihren kleinen Hund. Wenn er bellt und jammert – bleiben Sie stark! Denken Sie an etwas Schönes!

3 Sobald Ihr Welpe einen Moment ruhig ist und sein Gezeter aufgegeben hat, gehen Sie zurück in den Raum, in dem sich seine Box befindet und machen im Vorbeigehen die Tür auf.

4 Beachten Sie ihn nicht groß. Er wird rasch lernen, dass Sie schneller zurückkommen und ihn „befreien", wenn er ruhig ist und keinen Aufstand macht.

... ohne Box:

1 Diese Übung können Sie auch machen, ohne Ihren Welpen in der Box zu parken. Schließen Sie einfach kurz die Badezimmertür oder auch die Gartenpforte. Analog zum Parkbank-Training hat Ihr Welpe für einen kurzen Augenblick nicht mehr die Möglichkeit, selbstständig zu Ihnen zu gelangen. Einfach, weil Sie es sagen und dabei entspannt sind. Sobald sich auch Ihr Welpe beruhigt hat, gehen Tür oder Pforte wieder auf.

Was tun, wenn's nicht gleich klappt

Geben Sie Ihrem Welpen eine Beschäftigungsmöglichkeit wie ein Futterspielzeug bevor Sie ihn für einen kurzen Moment alleine lassen. Wenn Sie zurückkommen, gehen Sie zu ihm und schenken ihm durch z. B. sanftes Streicheln ruhige Aufmerksamkeit. Bleiben Sie aber standhaft, solange er unruhig ist kommen Sie nicht zu ihm zurück. Er wird das Prinzip bald verstanden haben – ganz sicher!

Gehört Ihr Welpe allerdings zu den „Zerstörern", auch wenn Sie ihn nur einen Augenblick alleine lassen, so ist das Ersttraining mit Box zu empfehlen!

Komm – immer!

Mit einem freilaufenden Hund die freie Natur zu genießen ist schon sehr schön. Hunde sind aber schnell abgelenkt durch die vielen interessanten Sinneseindrücke, die sich auf einem Spaziergang ergeben.

Ziel der Übung

Für Hunde ist es toll, wenn sie frei herumstromern dürfen. Ein gemeinsamer Spaziergang ist auch wunderbar entspannt. Jeder kann mehr oder weniger sein eigenes Tempo gehen. Ihr Vierbeiner kann z. B. einen Ast mitnehmen oder schwimmen gehen, ohne dass Sie beide Leinensalat haben. Sie haben Ihre Hände frei für Ihre Kinder, den Kinderwagen oder … Damit Sie sich auf einen sicheren Rückruf Ihres später erwachsenen Hundes verlassen und mit der Attraktivität anderer Hunde, Wildtieren, Blättern und sonstigen Dingen konkurrieren können, beginnen Sie bereits jetzt mit Ihrem Welpen, auch den Freilauf zu üben.

Schritt für Schritt

Ihr Hund lernt, sich beim verbalen Signal *Komm!* zukünftig auf dem Hacken zu Ihnen umzudrehen, zu Ihnen zu laufen und sich vor Sie hinzusetzen.

1 Nehmen Sie Ihren Welpen an die lange Leine (Schleppleine) und binden Sie ihn wie gewohnt an sich fest.

2 Nun lassen Sie ihn ein wenig im Garten herumstromern.

3 Sobald Sie das Gefühl haben, er schnüffelt sich „fest" rufen Sie ihn mit seinem Namen und dem Signal *Komm!* zu sich her.

4 Laufen Sie gern ein paar Meter rückwärts. Sie dürfen Ihren Welpen auch mit der Leine sanft an sich erinnern.

Was tun, wenn's nicht gleich klappt

Es gibt so vieles zu entdecken. Und unser Nasentier Hund erfährt draußen in der Natur quasi eine Reizüberflutung an tollen Sinnenseindrücken. Lassen Sie Ihren Welpen zuerst die Umgebung erkunden. Wenn er sie sich einigermaßen zu Eigen gemacht hat, beginnen Sie mit dem Training. Kontrollieren Sie auch die Qualität Ihrer Belohnung. Spürt Ihr Welpe gerade einer Wildtierspur hinterher statt zu Ihnen zu kommen? Dann kann es ratsam sein, als Belohnung ein Spielzeug zu werfen (Jagdersatzhandlung) und nicht einfach Futter anzubieten. Sie können auch einen erwachsenen Hund hinzunehmen, der verlässlich herankommt. Ihr Welpe wird rasch verknüpfen, dass es sich lohnt, auf Sie zu achten und schnell zurückzukommen. Ist das anschließende Sitz! ein Problem? Dann ist die Aufmerksamkeitsspanne Ihres Welpen gerade kürzer als geplant. Macht nichts. Während Ihr Welpe noch freudestrahlend zu Ihnen kommt, gehen Sie rückwärts, um seinen Schwung aufzunehmen. Halten Sie die Leckerlihand etwas tiefer und füttern Sie ihn mit einer Reihe an Leckerlis „nur" für das Herankommen. Schnell wird sich seine Aufmerksamkeitsspanne verlängern. Ein anschließendes Sitz! im Rahmen des Komm!-Signals ist kein Problem mehr. Praktisch, wenn beim Spaziergang ein Radfahrer, Jogger, ... vorbei will.

5 Strecken Sie Ihre Hand mit der Belohnung aus. Geben Sie gern erneut das Signal *Komm!*

6 Kurz bevor er bei Ihnen ist, gehen Sie in die Knie, damit Sie auf seiner Nasenhöhe sind und locken Sie ihn ohne verbalen Befehl ins Sitz. Anschließend erhält er seinen Belohnungshappen.

7 Animieren Sie ihn zum Weitergehen und üben Sie erneut.

8 Suchen Sie sich stetig größere Ablenkung (wehende Blätter, Nachbarin, andere Hunde, ...), immer mit Ihrem Hund an der Schleppleine, die an Ihnen festgebunden ist.

Noch zu klein …
Ein Welpe ist gegenüber einem Junghund noch viel stärker an seine Bezugsperson gebunden. Sein Horizont ist noch nicht so weit und die Abhängigkeit dadurch viel größer. Ganz banal: Er ist auch viel kleiner. Er sieht den anderen Hund am Ende des Feldes also noch gar nicht und hat auch noch nicht die Erfahrung gemacht, dass es tatsächlich möglich ist, Ihnen auszubüxen.

Sitz!

Insbesondere bei aufgeregten Hunden ist es praktisch, wenn diese sich auf ein Signal hin hinsetzen. Aber nicht nur bei solchen Kandidaten entspannt dieses Kommando den Alltag ungemein.

Ziel der Übung

Spätestens bei Begleithunde- und ähnlichen Prüfungen wird das Zeigen eines solchen Signals verlangt. Wichtiger als Prüfungen ist mir hierbei aber die Alltagstauglichkeit. Ich kann meinen Vierbeiner viel besser anleinen, wenn er sitzt statt umherzutigern. Auch das Pfotenabtrocknen, Untersuchungen nach Zecken oder Ähnlichem ist deutlich einfacher, wenn mein Hund gelernt hat, sich zunächst gelassen hinzusetzen. Und die Kinder können den Hund besser streicheln. Wenn Ihr kleiner Kerl bereits das „Bitte sagen" erlernt hat (siehe Seite 76), dann ist es ganz einfach, ihm hierzu noch ein zusätzliches Signal beizubringen.

Schritt für Schritt

1 Nehmen Sie Ihren Welpen vor sich. Sie können ihn gern mit einem Futterbrocken locken.

2 Nun greifen Sie in Ihre Schüssel bzw. Tasche mit den Hundekeksen. Nehmen Sie sich ein kleines Depot in die eine Hand und einen Keks in die andere.

3 Zeigen Sie Ihrem Welpen, was Sie tolles in der Hand haben und führen Sie den Futterbrocken mit einer sanften Handbewegung über seinen Kopf. Die meisten Menschen halten dabei zusätzlich einen Zeigefinger (Sichtsignal) nach oben.

4 Weil es anstrengend ist, mit dem Blick zu folgen, wird er sich hinsetzen. Daraufhin erhält er seine Belohnung.

5 Belohnen Sie ihn mit einer kleinen Kette an Futterbrocken – solange er in diese Position verweilt.

6 Rasch lernt er, dass er sich beim Anblick der leckeren Kekse in Ihrer Hand und obiger Handbewegung am besten hinsetzt – weil dann die Wahrscheinlichkeit am größten ist, das Lecker zu erhalten.

7 Mit dem Auflösekommando *Okay!* (siehe Kasten auf Seite 74) beenden Sie die Übungseinheit. Ihr Welpe darf aufstehen, z. B. weil Sie kein Futter mehr in der Hand haben.

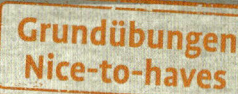

11 Und nun heißt es üben – üben – üben, auch an unterschiedlichen Orten und mit unterschiedlich starker Ablenkung.

Was tun, wenn's nicht gleich klappt

Es gibt einfach Hunde, die stehen wie ein Baum. Sie denken gar nicht daran, sich hinzusetzen. Als erstes gehören diese Zeitgenossen während des Trainings an die Leine, damit sie nicht einfach weiter rückwärtsgehen können, anstatt sich hinzusetzen. Des Weiteren können Sie super in einer Ecke üben. Auch hier verbauen Sie dem Welpen die Idee, einfach rückwärtszugehen, um keine Nackensteifheit zu kriegen. Kontrollieren Sie sich, geben Sie Ihrem Welpen eventuell die Belohnung einfach dafür, dass er sich anstrengt? Das ist nett gemeint, aber nicht nett für den Hund. Wie soll er verstehen, was Sie eigentlich von ihm erwarten, wenn Sie ihm vermitteln, dass „angestrengtes" Stehen belohnt wird?

8 Führen Sie das verbale *Sitz!*-Signal ein, sobald der Groschen wirklich gefallen ist. Dafür zeigen Ihrem Welpen den Keks, geben das Signal *Sitz!* und führen die Hand über seinen Kopf.

9 Trainieren Sie die Sitz!-Übung auch mit Ihrem Welpen an Ihrer Seite. Dies ist hilfreich für ein Sitz an der Straße bzw. am Wegesrand, wenn Sie beispielsweise einen Jogger vorbeilassen wollen.

10 Üben Sie das Sitz!, indem Sie Ihre eigene Position verändern – mal stehen Sie, mal sitzen Sie selbst, mal liegen Sie auf dem Boden.

Ihr Welpe hat den Bogen raus?

Gehen Sie eine Schwierigkeitsstufe höher: Ihr Welpe soll sich allein auf das *Sitz!*-Kommando hin hinsetzen, ohne dass Sie den Zeigefinger erheben oder einen Bogen über seinen Kopf machen. Wenn Sie keine Hand frei haben sollten und Ihr Hund aber rasch ins Sitz gehen soll, ist dies sehr praktisch. Sie haben bereits das Stimmsignal *Sitz!* parallel eingeführt und Ihr Welpe setzt sich erwartungsfroh ob des Futterbrockens hin. Nun geben Sie das Stimmsignal *Sitz!* und warten einen kurzen Moment ab. Sehr wahrscheinlich wird Ihr kleiner Kerl sich bereits hinsetzen, da er Ihr Handsignal eh erwartet. Setzt er sich also unvermittelt hin – voilà! Große Freude und eine Kette an Belohnungshappen. Sie dürfen sich selbst auch gern belohnen. Setzt er sich nicht gleich, dann helfen Sie ihm erneut mit einem Handsignal. Er wird rasch verstehen lernen. Weigert er sich standhaft, den Groschen fallen zu lassen? Ein „Brett vorm Kopf" kennen wir Menschen auch. Gehen Sie einfach einen Schritt zurück und spielen Sie auf Zeit. Geben Sie nicht auf. Über Nacht wird er den Bogen plötzlich raus haben! Und kein Grund zur Sorge, Ihr Handzeichen wird Ihr Hund dadurch auf keinen Fall verlernen.

Leg dich hin!

Einen Hund zu haben, der sich auf ein Signal hin hinlegt ist schon praktisch. Von eventuellen Gehorsamsprüfungen einmal abgesehen, können Sie Ihrem Hund mit dem Signal *Leg dich hin!* etwas mehr „Bodenhaftung" bieten.

Ziel der Übung

Insbesondere, wenn Sie eine größere Rasse gewählt haben, ist das Signal *Leg dich hin!* sehr angenehm für alle Kinder und Personen, die eher Angst vor Hunden haben. Ein liegender Hund strahlt einfach mehr eigene Sicherheit aus. Und, Hands aufs Herz, wer will schon von einem fremden Hund Aug' in Aug' begrüßt werden?! Egal, ob großer Hund oder kleiner Hund, es gibt Momente in denen wir die Hinterlassenschaften unseres Hundes einsammeln müssen. Auch hier bewährt sich ein *Leg Dich hin!*, damit Ihr Welpe nicht in seinen eigenen Haufen tritt, bevor Sie ihn aufgesammelt haben. Und: Ein junger aufgeregter Hund kommt oftmals durch dieses Signal, anstelle nur eines *Warte!*-Signals einfacher zu Ruhe.

Schritt für Schritt

1 Nehmen Sie sich ein paar Futterbrocken in die Hand und weitere legen Sie als Depot sicher neben sich, z. B. im geschlossenen Dummy, einer Dose oder Ähnliches.

2 Zeigen Sie Ihrem Welpen die Futterbrocken, damit er sich gleich auf eine Lernsituation einstellen kann.

3 Führen Sie Ihren kleinen Hund „an der Nase" mit den Futterbrocken in der Hand zum Boden.

4 Führen Sie ihn nun weiter, je nach Hund, entweder unter der Welpenbrust hindurch oder aber auf dem Boden vom Welpen weg. Ihre Handbewegung gleich einem „L". Ihre Hand ist flach und mit der Handinnenseite nach unten gerichtet (Sichtzeichen).

5 Ihr Welpe wird sich nun entweder komplett hinlegen oder zumindest mit den Vorderbeinen vorn heruntergehen (ähnlich der Spielaufforderungshaltung).

6 Belohnen Sie ihn mit einer kleinen Kette an Futterbrocken – solange er in diese Position verweilt.

7 Mit Ihrem Auflösekommando *Okay!* beenden Sie die Übungseinheit. Ihr Welpe darf aufstehen, z. B. weil Sie kein Futter mehr in der Hand haben.

Auch hier gilt wieder: Erst sobald Ihr Welpe sicher verstanden hat, dass Sie wollen, dass er sich hinlegt, führen Sie das verbale Signal *Leg Dich hin!* ein. Erwartungshaltung mit Hundekeks schüren, Signal einführen und den Hund mittels Hundekeks in die gewünschte Position führen.

Und nun heißt es üben – üben – üben, auch an unterschiedlichen Orten und mit unterschiedlich starker Ablenkung.

Was tun, wenn's nicht gleich klappt

Ihr Welpe ist einfach ganz anders als andere? Manch ein Welpe hat nicht so viel Geduld, ist schüchtern oder dem Boden sehr nah, z. B. der Chihuahua. Helfen Sie sich gegenseitig, indem Sie in kleineren Schritten trainieren und belohnen.

1. Alternative: Ihre Hand beginnt das „L" und die Welpennase folgt zögerlich? Dann bereits jetzt mit ein paar Futterbrocken anfüttern. Nun gehen Sie langsam tiefer. Die Nase folgt – und voilà sofort wieder eine Reihe Futterbrocken. Bleiben Sie geduldig. Ihre Handbewegung sollte langsam und konzentriert verlaufen. Sie werden sehen – es dauert nicht lange und Ihr Knirps hat verstanden, um was es sich handelt.

2. Alternative: Setzen Sie sich mit angewinkelten Knien hin und führen Sie Ihren Kleinen unter Ihren Beinen durch (das Durchführen unter einem niedrigem Gegenstand wie einem Kinderstuhl klappt auch). Auf diese Weise lernt ganz sicher auch Ihr Welpe schnell, dass er sich hinlegen soll.

Abbruchsignal: Tabu!

Um Ihrem Welpen beizubringen, dass nicht alles erlaubt ist, können Sie ihn mit einem „Tabu!" korrigieren. Dieses Abbruchsignal hilft Ihrem Welpen, zu verstehen, dass er sein aktuelles Verhalten sofort unterbrechen soll.

Ziel der Übung

Genau wie Kinder benötigen auch Hunde ein Stopp-Signal. Hunde stibitzen beispielsweise gern Futter. Wenn Sie an Kleinkinder mit Brötchen oder Eis in der Hand denken, hat ein Hund leichtes Spiel. Quasi im Vorbeigehen könnte er sich die Leckerei schnappen, ohne mit viel Gegenwehr rechnen zu müssen. Super, wenn der Hund gelernt hat, dass das nicht hundelike ist ...

Dabei geht es darum, dass Ihr Hund zukünftig auf Ihr „Go!" wartet, bevor er sich Dinge nimmt, die sich auf dem Boden oder auch in Ihrer Hand befinden. Ein tolles Werkzeug für Sie, um Ihrem Welpen von Beginn an Selbst-/Impulskontrolle beizubringen. Einmal gelernt, kann das Abbruchsignal auch für weitere Handlungen, in denen der Welpe stoppen soll, genutzt werden, z. B. nicht Buddeln, geh nicht einfach durch die offene Haustür, iss keine Köstlichkeiten am Wegesrand.

Schritt für Schritt

Um Ihrem Welpen Tabu! beizubringen, stelle ich Ihnen zwei Alternativen vor. Beide üben Sie am besten mit Ihrem angeleinten Welpen.

Alternative 1:

1 Legen Sie einen Hundekeks oder ein paar Futterbrocken auf dem Boden.

2 Klar will sich Ihr Welpe gleich auf die Leckerei stürzen – kann er aber nicht, weil Sie ihn ja an der Leine festhalten (Fehlervermeidung).

3 Warten Sie kurz, ob er sich von sich aus zu Ihnen umdreht. Sonst locken Sie ihn zu sich.

4 Bei Ihnen erhält er nun eine viel tollere Belohnung und das andere wird von Mal zu Mal uninteressanter (weil er keine zuverlässige Belohnung durch die Verleitung erhält).

5 Ab sofort führen Sie das Signal Tabu! ein, wenn er zum Verleitungsgegenstand sieht. Dreht sich daraufhin zu Ihnen um, große Begeisterung und eine Kette an Hundekeksen. Juchu!

6 Üben Sie dies nun mit unterschiedlichen Dingen, die Ihr Welpe schon immer interessant fand sowie an unterschiedlichen Orten.

Alternative 2:

1 Eine weitere Option ist, einen Futterbrocken in die geschlossene Hand zu nehmen. Halten Sie diesen Ihrem Welpen entgegen.

2 Solange er versucht, an das Futter zu kommen (kratzen, betteln, wälzen, jammern, ...) unternehmen Sie gar nichts. Ihre Hand bleibt an Ort und Stelle. Bewegen Sie sich nicht.

3 Nimmt sich Ihr Welpe kurz zurück, sprich, er sieht weg oder setzt sich sogar hin – Bingo! Er hat sich jetzt seine Belohnung verdient. Geben Sie ihm die Leckerlis aus Ihrer anderen, vorher nicht geschlossenen Hand. Klappt dies gut, gehen Sie einen Schritt weiter.

4 Nun warten Sie darauf, dass Ihr Welpe von Ihrer geschlossenen Hand ablässt UND Sie anschaut, à la „Mensch, was soll ich denn tun??"

5 Und schwups erhält Ihr Welpe das Futter direkt in sein Maul. Hier klappt die Signaleinführung, während sich Ihr Hund von Ihrer Hand wegbewegt.

Was tun, wenn's nicht gleich klappt

Wenn Ihre geschlossene Hand eine hypnotische Wirkung auf Ihren Welpen haben sollte, können Sie sich behelfen, indem Sie Ihre geschlossene Hand zunächst an Ihre Stirn führen und dann erst Ihren Welpen belohnen. Damit stellen Sie wie nebenbei aktiv den Blickkontakt zu Ihnen her. Sie können auch eine zweite Hand nehmen und ihm im Anschluss aus beiden Händen Futter geben. Erst aus der „Stirn-Hand" dann aus der ehemals „geschlossenen" Hand.

Körpersprachliche Abbruchsignale
Es gibt auch körpersprachliche Abbruchsignale, die Ihr Welpe, genau wie Kinder, sehr gut versteht, weil er diese zum Teil bereits durch seine Mutter erlernt hat. Diese reichen von einer eingefrorenen angespannten Körperhaltung über einen stechenden Blick bis hin zur ausgestreckten gespreizten Hand.

Bring!

Ein Hund, der gelernt hat, Ihnen Sachen zu bringen bzw. hinterherzutragen ist Gold wert. Zusätzlich macht das Bring! auch noch beiden Parteien sehr viel Spaß und lastet Ihren Hund körperlich und geistig aus.

Ziel der Übung

Planen Sie und Ihre Familie Such- und Ballspiele mit Ihrem neuen vierbeinigem Familienmitglied? Dann ist ein zuverlässiges Bringen unerlässlich. Wer bringt sonst den Ball bzw. Futterdummy nach dem Wiederauffinden zurück zu Ihnen? Ihre Kinder haben ein ausgedientes „Schlampermäppchen"? Super – das können Sie hervorragend als Futterdummy nutzen.

Schritt für Schritt

1 Als erstes überzeugen Sie Ihren Welpen, dass der Dummy wirklich total spannend und aufregend ist.

2 Ich beginne hier gern mit dem „Geschenke auspacken". Ihr Welpe ist angeleint bei Ihnen und darf Ihnen zusehen, wie Sie leckere Futterbrocken in den Dummy legen und den Reißverschluss zumachen.

3 Nun halten Sie den Dummy etwas tiefer. Eigentlich ausnahmslos alle Hunde wollen nun an dem Dummy schnuppern. Sofort freuen Sie sich und loben Ihren Knirps.

4 Öffnen Sie den Reißverschluss des Dummys und lassen Sie ihn zulangen – keine Zuteilung Ihrerseits. Er darf einfach seinen ganzen Kopf in den Dummy stecken und alles fressen, was er darin findet.

Und schon ist Ihr Welpe bereit für den nächsten Schritt!

5 Füllen Sie erneut den Dummy. Definitiv wird sein Interesse geweckt sein.

6 Halten Sie ihn an kurzer Leine sanft fest und werfen Sie mit der anderen Hand den Dummy eine kleine Idee von Ihnen weg.

7 Erst wenn Ihr Welpe wirklich nicht mehr zappelt und sich aus Halsband oder Geschirr zu winden versucht, geben Sie Ihr Auflösesignal *Okay!* (Thema Impulskontrolle). Jetzt darf der kleine Kerl losflitzen.

8 Freuen Sie sich mit ihm und animieren Sie ihn dazu, den Dummy ins Maul zu nehmen.

9 Gern dürfen Sie mit ihm ein paar Meter loslaufen, falls er die neue Beute gleich ins Maul nimmt.

10 Dann nehmen Sie sich den Dummy mit einer freundlichen Geste und öffnen den Reißverschluss: ... und lassen Sie ihn zulangen – keine Zuteilung Ihrerseits. Er darf einfach seinen ganzen Kopf in den Dummy stecken und alles fressen, was er darin findet.

Was tun, wenn's nicht gleich klappt

Ihr Hund hat Interesse am Dummy, aber will ihn nicht ins Maul nehmen? Sie können eine lange dünne Schnur am Dummy befestigen. Sobald Ihr Hund den Dummy hat, loben Sie ihn tüchtig und ziehen langsam die Schnur zu sich heran. Dadurch bekommt Ihr Welpe das Gefühl, der Dummy „zuckt noch" und versucht ihn vermutlich zu fassen. Nehmen Sie ihm den Dummy nicht sofort weg, sondern laufen Sie gemeinsam ein paar Meter. Lassen Sie ihn sich mit dem Dummy einen Moment beschäftigen (sofern er diesen nicht zu zerstören versucht). So verliert Ihr Hund die Sorge, der Dummy gehört allein Ihnen und er darf ihn eigentlich nicht einmal ansehen. Anschließend geht es wieder zum „Geschenke auspacken". Manche Hunde mögen das Material des Dummys nicht. Versuchen Sie mit einem anderen Dummy – es gibt sie z. B. auch mit falschem Kaninchenfell.

Glorreiche Zukunft
Ein bringender Hausgeselle ist sehr nützlich. Ihr Vierbeiner kann lernen, seine Leine oder auch seine Decke selbst zu tragen, z. B. zum Auto, wenn Sie in den Urlaub fahren wollen. Spätestens, wenn Sie eines Ihrer Kinder auf dem Arm haben und sich nicht gut bücken können, ist ein Hund, der bringen kann, eine tolle Hilfe. Er hebt Ihnen alles Heruntergefallene wieder auf und kann sogar lernen, Ihnen beispielsweise die Socken und Ähnliches auszuziehen.

Leinen los: Freeze!

Freeze ist ein Liegenbleiben ohne Leine und erleichtert den Alltag ungemein. Und das ist ja auch das Ziel mit Ihrem Welpen: Am Anfang geht es um Fehlervermeidung, also „sichern" wir seine Aufmerksamkeit mithilfe der Leine. Ihr Ziel für später aber ist, dass Sitz! und Leg dich hin! auch ohne Leine funktionieren.

Ziel der Übung

Ein freies und sicheres Bleiben an Ort und Stelle ist speziell für leicht erregbare, emotionale Hunde wunderbar, damit sie „runterkommen", wenn Besuch kommt, sie im Spiel mit anderen Hunden zu wild werden oder auch versuchen, beim Abendbrot zu lungern (der Platz direkt am Kinderstuhl ist sozusagen der „Platz an der Sonne" für Hunde …). Ein Freeze! neben Ihnen ist auch sehr angenehm, wenn Sie beispielsweise eine Nachbarin auf der Straße treffen und einen kurzen „Klönschnak" halten wollen. Diese Übung ist deutlich schwieriger als die Vorübungen Warte!, Decke! und Parken!, da Ihr Hund egal wo, an Ort und Stelle sitzen bzw. liegen bleiben soll – und das auch noch ohne Leine. Achten Sie darum wieder auf einen sauberen Aufbau und variieren Sie stets nur eine Variable – Distanz, Zeit, außer Sicht.

Schritt für Schritt

Im Prinzip ist der Aufbau sehr ähnlich zur Übung Parken!, nur dass Sie ohne Leine und Festbinden trainieren.

1 Selbst wenn Sie bereits 10 Meter von Ihrem festgebundenen Welpen weggehen können: Starten Sie bitte ohne Leine wieder bei null. Die Leine fehlt, also handelt es sich für Ihren Hund um eine gänzlich neue Situation.

2 Nehmen Sie sich eine Handvoll Futterbrocken in die geschlossene Hand.

7 Ziel ist nach wie vor, dass Sie stets zurück sind, BEVOR Ihr Welpe wieder aufsteht.

8 Am Ende der Übungseinheit lösen Sie mit Ihrem Auflösesignal *Okay!* auf.

Was tun, wenn's nicht gleich klappt

Wenn diese Übung nicht gut laufen sollte, dann können Sie sie auch zunächst mit Ihrem sitzenden Welpen üben. Gehen Sie analog vor, nur dass Ihr Welpe nicht liegen bleiben, sondern sitzen bleiben soll. Dies hilft insbesondere den Welpen, die gern ihre Umgebung im Blick haben. So „verpassen" sie weniger als im Liegen. Achten Sie außerdem bei allen Übungen, in denen Ihr Welpe Ruhe erlernen soll, darauf, dass Ihre eigene Körpersprache klar ist und ebenfalls Ruhe ausstrahlt. Kürzen Sie Ihre Intervalle und füttern Sie wieder schneller. Sie können sich für diese Übung zu Beginn auch vor den Hund hinsetzen (Schneidersitz) und die Distanz üben, indem Sie Ihren Oberkörper samt Futterdepot nach hinten nehmen.

3 Geben Sie Ihrem Welpen das Signal, sich hinzulegen.

4 Halten Sie ihm eine Hand mit offener Handfläche entgegen (analog Warte!) und sagen Sie *Freeze!*

5 Nehmen Sie Ihre Hand wieder entspannt an Ihre Seite und verlagern Sie Ihr Körpergewicht nach hinten.

6 Belohnen Sie Ihren Welpen ausgiebig mit einer Reihe von Futterbrocken dafür, dass er liegen geblieben ist.

> **Trainer-Tipps**
> Distanzen & Zeitintervalle ausweiten: Nehmen Sie für jede Einheit 5–10 Futterbrocken in die Hand. Entfernen Sie sich stets dieselbe Strecke und kommen Sie wieder zurück, bevor Ihr Welpe aufgestanden ist. Gut geklappt? Dann nehmen Sie sich wieder 5–10 Futterbrocken mit und vergrößern die Distanz nun um einen Schritt. Analog gehen Sie mit den Sekunden vor.
>
> Üben Sie mit unterschiedlicher Ablenkung für den realen Praxisbezug: Tun Sie so, als ob Sie weglaufen wollten. Rennen Sie tatsächlich ein paar Schritte. Hüpfen Sie. Lassen Sie einen anderen Hund nebenbei mitlaufen. Ziel ist, egal wie die Erde sich auch drehen mag, Ihr Welpe bleibt wie festgenagelt sitzen bzw. liegen.

Bleib auf dem Weg!

Sobald Ihr Welpe an der langen Leine oder auch frei laufen darf, wird er seinen Radius automatisch vergrößern. Viele Hundebesitzer erlauben ihren Hunden am Wegesrand „Zeitung" zu lesen. Daran ist zunächst nichts auszusetzen. Ohne Leine aber stellen viele Hundebesitzer fest, dass sie ihre Hunde nicht mehr stoppen können.

Ziel der Übung

Die Hunde schnüffeln wie gewohnt am Wegesrand und folgen dann aber den „Papierschnipseln" bis ins Gebüsch hinein – ist ja auch keine Leine dran, die stoppen könnte. Dies kann sich infolge zu einem größeren Problem entwickeln, weil sich in Gebüschen oftmals Wild befindet. Und schwups, ist unser Welpe/Junghund auf und davon. Ein jagender Hund ist ziemlich leidig, nicht nur mit kleinen Kindern im Schlepptau oder beim Schieben eines Kinderwagens. Zudem kann es für den Vierbeiner ziemlich gefährlich werden, v. a. wenn Straßen in der Nähe sind. Ziel der Übung ist es, dem Hund zwar das Schnüffeln am Wegesrand zu erlauben, ihm aber gleichzeitig zu vermitteln, dass alles, was darüber hinausgeht, tabu ist.

Schritt für Schritt

1 Lassen Sie ihn einen Moment laufen und „Zeitung" lesen.

2 Sobald er sich ins Gebüsch bzw. in den Waldrand hin schnüffeln will, signalisieren Sie ihm mittels des Abbruchsignals *Tabu!*, dass Sie dies NICHT wünschen.

3 Wenn er Ihnen folgt, belohnen Sie ihn, indem Sie eine Reihe von Futterbrocken in einem Bogen auf den Boden kullern lassen. Schön einen nach dem anderen, frei nach dem Prinzip „Jagen erlaubt, aber nur innerhalb meiner aufgestellten Regeln".

4 Rufen Sie ihn nach ein paar Schritten erneut und belohnen Sie ihn mit ehrlicher Freude für das Zurückkommen.

5 Wenn Sie viel Ablenkung haben (Ihre Kinder begleiten sie beide, viele andere Personen sind im Park unterwegs, ...), verwenden Sie am besten eine dünne lange Leine für das Anfangstraining (bitte ein Geschirr für dieses Training nutzen). Auf selbige können Sie dann treten, wenn Ihr Welpe durchstarten will bzw. sich festschnüffelt.

6 Ihr Welpe wird ab einer individuellen Distanz versuchen auszuweichen. Ab dieser Distanz hat er gelernt, dass Sie ihn nicht kontrollieren können. Meist liegt diese Entfernung bei zwei Metern, da dies die Länge der typischen Hundeleine ist.

7 Hat sein Weichen nicht den gewünschten Erfolg, da Sie ja auf der Leine stehen, wird er sich Unwohl fühlen: „Au weia!". Dieses Erschrecken reicht völlig aus, geben Sie ihm nun erneut und unmissverständlich das Abbruchsignal *Tabu!* und gehen Sie, ihm den Rücken kehrend, von der Leine runter.

8 Wenn er Ihnen folgt, belohnen Sie ihn, indem Sie eine Reihe von Futterbrocken in einem Bogen auf den Boden kullern lassen. Schön einen nach dem anderen. Und keine Sorge, hierdurch trainieren Sie ihm nicht an, Verbotenes vom Boden aufzunehmen.

Was tun, wenn's nicht gleich klappt

Ist das Üben mühsam und Sie haben nicht das Gefühl, dass Ihr Welpe wirklich versteht, worauf es Ihnen ankommt, dann wiederholen Sie zunächst die Warte!-Übungen (siehe Seite 78) und zudem das Abbruchsignal Tabu! (siehe Seite 96) mittels Leine. Auf diese Weise lehren Sie dem Kleinen nochmals Respekt. Dies, zusammen mit einem aufgefrischten Abbruchsignal, sollte den gewünschten Erfolg bringen.

Trainer-Tipp
Es ist darüber hinaus ratsam, eine feste Distanz für seinen Freilauf zu trainieren. Auf diese Weise lehren Sie Ihrem Hund wieder Transparenz und Sicherheit, denn innerhalb von beispielsweise 15 Metern darf er sich fortan frei bewegen. Darüber hinaus ist es verboten, immer und zu jeder Zeit. Klare Grenzen.

ZUSAMMEN
spazieren gehen

Kennen Sie auch diese Situationen, in denen Sie erst einen freudigen Hund beim Spaziergang sehen und dann, nach einer ganzen Weile, seinen Hundebesitzer? Gemeinsames Spazierengehen sieht anders aus.

Ziel der Übung

Im Grunde ist das keine Übung im eigentlichen Sinne. Hier geht es vielmehr darum, dass Ihr Welpe von sich aus erkennt, dass er aktiv beim Rudel bleiben will, weil es sich für ihn lohnt. Das Ziel ist also, dass sich Ihr Hund beim Spaziergang an Ihnen orientiert. Wie das funktioniert? Eigentlich ganz einfach: Genauso wie Sie gemeinsam mit Ihren Kindern raus in die Natur gehen, gehen Sie auch gemeinsam mit Ihrem Hund raus.

Den meisten Hunden ist es einfach zu langweilig mit Ihren Besitzern. Angeleint an ein zwei Meter langes Band schlurfen Sie immer und immer wieder dieselbe Strecke entlang. Einmal von der Leine ab, klar, wird die plötzliche Freiheit sofort genutzt. Oder der Vierbeiner ist im Grunde auf sich alleine gestellt, da sich Herrchen oder Frauchen während der Gassirunde beispielsweise mehr mit dem Handy beschäftigen als mit ihm. Sind Sie stattdessen mit Ihrer gesamten Familie, inklusive Hund, gemeinsam draußen in der Natur über Stock und

Stein als Team unterwegs, dann hat jedes einzelne Mitglied richtig viel Spaß und Auslastung – geistig und körperlich. Starten Sie auch hier bereits mit dem Training im Welpenalter, gehen Sie späteren Diskussionen aus dem Wege.

Schritt für Schritt

1 Beginnen Sie bereits im Haus mit der Regel: Erst muss Ihr Welpe aufmerksam sein und sich hinsetzen. Dann bekommt er Leine und Halsband um (siehe „Bitte sagen!" Seite 76).

2 Wer sich wild gebärdet, kommt nicht durch die Haustür. Warten Sie hier einfach in Ruhe ab.

3 Spannen Sie gern auch Ihre Kinder ein. In die Pflicht genommen, nehmen Kinder diese Übung in der Regel sehr ernst und warten geduldig, bis sich der Welpe beruhigt hat (gilt tendenziell für Kinder ab etwa 7 Jahren).

4 Achten Sie auf die korrekte Leinenführung (siehe Seite 82).

5 Erleben Sie als Familie spannende Dinge. Klettern Sie gemeinsam mit Kindern und Welpe über Stock und Stein. Finden Sie Baumhöhlen und erkunden Sie sie alle. Gucken ist immer erlaubt, solange Sie dabei sind (gilt für Kinder wie für Hunde).

6 Geben Sie Ihrer Familie jeweils ein paar Futterbrocken in die Hand. Am besten zählen Sie jeweils 5 Stück ab, damit erst keine Kinderfehde

auftritt. Stellen Sie sich an unterschiedlichen Stellen auf. Nennen Sie eine Reihenfolge und jeder darf den Welpen einmal rufen, sich setzen lassen und belohnen (siehe Seite 92).

7 Lassen Sie Ihre Kinder sich abwechselnd hinter einem Baum oder Ähnlichem verstecken und Ihr Welpe darf sie suchen.

8 Suchen Sie unterschiedliche Gegenden auf – zeigen Sie Ihrem Welpen die Stadt, das Meer, den Wald und ... und ... und – seien Sie kreativ!

9 Und immer, wenn Ihre Kinder kurz Ihre Hilfe brauchen und Sie somit keine freie Hand mehr für den Hund haben, macht es sich bezahlt, bereits Warte! (siehe Seite 78) und Parken! (siehe Seite 86) fleißig geübt zu haben.

Was tun, wenn's nicht gleich klappt

Wichtig ist als erstes die eigene Ruhe. Seien Sie „cool, calm and collected". Wenn Sie sich aufregen, ist das zwar menschlich, hilft aber leider niemandem. Falls an Ihrer Haustür sowohl Kinder als auch Welpe nerven, lassen Sie Ihre Kinder schon einmal durch die Haustüre hinaus (sofern sie alt genug dafür sind ☺). Anschließend kümmern Sie sich um den Welpen. Dieser muss sich nun entscheiden, weiter quengeln oder lieber einen Moment Ruhe zeigen, um den Kumpels zu folgen? Seine Entscheidung. Für die Aufmerksamkeit draußen nehmen Sie den Futterdummy mit und lassen Sie ihn von Ihrem Welpen suchen und anschließend bringen. Haben Sie Spaß!

Hilfsmittel

Es gibt auf dem Markt eine Vielzahl an Hilfsmitteln, die Ihnen im Training mit Ihrem Welpen helfen können. Nicht alle sind wirklich frohen Herzens zu empfehlen.

Schleppleine

Eine Schleppleine unterschiedlicher Dicke und Länge wird genutzt, um den Freilauf zu trainieren. Dies ist in der Regel noch nicht bei einem Welpen nötig, da sich dieser von Haus aus sehr stark am Menschen als seine Bezugsperson orientiert. Spätestens in der Junghundphase weiß der Hund, dass sein Mensch nicht weg ist, wenn er 20 Meter entfernt ist und traut sich durchaus auch, einmal über die Stränge zu schlagen. Eine lange Leine ist Gold wert.

Wasserspritze

Wasserspritzen werden oft genutzt, um das Fenster der Aufmerksamkeit wieder zu öffnen. Ich irritiere also meinen Hund, indem ich ihn mit einer Wasserpistole oder Ähnlichem anspritze. Er schenkt mir als Folge Aufmerksamkeit und ich kann ihn ablenken. Soweit der Plan – Labradore sehen dieses Hilfsmittel in der Regel als Belohnung an, das Echtholz-Parkett bedankt sich und Kinder erkennen sofort den großen Spaß in einer Wasserschlacht …

Leine & Co.

Geschirr oder Halsband mit Leine entsprechen für mich ebenfalls einem Hilfsmittel. Diese Utensilien dienen der Fehlervermeidung. Denn wenn sich mein Hund nicht weit von mir entfernen kann, dann habe ich sein Tun stets unter Kontrolle. Ob Sie sich hier für ein Halsband oder Geschirr entscheiden, sollten Sie nicht von der öffentlichen Meinung abhängig machen. Ich finde es immer schön, wenn ein Hund möglichst wenig an sich dran hat. Meine Hunde tragen darum ein Halsband. Ein Geschirr nutze ich nur, wenn sie mich ziehen sollen. Habe ich aber einen jungen Hund mit Power und Masse, der noch nicht vernünftig an der Leine läuft, schadet der Zug von Halsband und Leine seinem Kehlkopf, seiner Luftröhre sowie seiner Halswirbelsäule und ein Geschirr ist angebracht, um diese Körperteile zu schützen. Das Halsband nutze ich dann in einer reizarmen Umgebung, in der ich gewährleisten kann, dass der Kleine sich nicht selbst verletzt. Es gibt auch Geschirre, die vorn an der Brust einen Ring für den Leinenkarabiner haben. Dadurch umgehen Sie zum Teil das Dilemma, dass Ihr Hund an einem normalen Geschirr in der Regel zu weit vorlaufen kann und Sie dadurch durch die Gegend zieht. Probieren Sie aus und nutzen Sie, was am besten zu Ihnen und Ihrer Situation passt.

Metallschelle

Metallschellen dienen ebenfalls dazu, den Hund zurück in „unsere" Welt zu bringen, damit er uns wahrnimmt und Aufmerksamkeit schenkt. Sie werden neben den Hund auf den Boden geworfen. Handlicher, aber ähnlich der Rappeldose von früher. Hier gibt es die Schwierigkeit, dass viele Hunde einen Schrecken bekommen, der sitzt. Und den Schrecken verknüpfen sie mit dem Geräusch, nicht mit der Schelle an sich. Infolge reagieren sie analog beispielsweise bei Schlüsselklimpern. Dies erschwert einen sorgenfreien Alltag.

Gentle-Leader

Ein Gentle-Leader ist ein Maulhalfter, mittels dem Sie ein besseres Kräfteverhältnis mit Ihrem Hund aufbauen können. Der Zugpunkt ist vorn an der Schnauze, weshalb Ihr Hund schwerlich dieselbe Zugkraft aufwenden kann wie bei einem Halsband oder Geschirr. Falsch trainiert schadet der Gentle Leader. Richtig trainiert kann er ein Segen sein (also bitte mit einem Fachmann antrainieren). Ich kombiniere den Gentle Leader gern mit einem Geschirr mit Zuglasche an der Brust. So kann ich auch sich schwer konzentrierende Hunde auf mich lenken, ohne den Gentle Leader zu stark nutzen zu müssen. Ihr Welpe sollte einen Gentle Leader noch nicht benötigen.

Sprühhalsband

Sprühhalsbänder sind ein viel diskutiertes Hilfsmittel dieser Tage. Während der sogenannte Tacker (übrigens verboten) Stromschläge verursacht, versprüht ein Sprühhalsband „nur" Wasser mit eventuellen Duftnoten (Zitrone, Orange, …). Grundsätzlich dienen diese Halsbänder der Distanzkontrolle sowie dem Training bei Aggressivität. Während ich Letzteres definitiv ablehne, weil hier ein Training mittels positiver Verstärkung Hund und Besitzer schneller und nachhaltiger weiterhilft, ist ersteres möglich. Ich will aber zu bedenken geben, dass es den meisten Hundebesitzern schwerfällt, ein Sprühhalsband als Hilfe wieder abzubauen. Der eigene Hund muss es dann Zeit seines Lebens tragen. Denn er weiß definitiv, wann er es trägt und wann nicht. Außerdem erschrecken sich auch viele Hunde vor Sprühhalsbändern und erleiden ein seelisches Trauma. Wie bei den Metallschellen, generalisieren sie sehr oft das Pff-Geräusch. Und schon stehen wir vor Alltagsproblemen, denn alles was mit Druckluft zu tun hat, macht ein solches Geräusch. Oftmals piepen die Geräte zusätzlich. Den gleichen Ton finden wir bei Kameras und Handys wieder. Ich rate dringend dazu, die Finger auch von Sprühhalsbändern zu lassen, es sei denn ein echter Fachmann steht daneben.

Der ganz normale Alltagswahnsinn

Es gibt ganz typische Katastrophen, die jeder mit seinem kleinen Welpen durchmacht. Das hat nichts damit zu tun, das Sie nicht vorsorgen oder der Welpe „nichts taugt", aber es hat sehr viel mit unserem Leben zu tun.

Relaxed bleiben

Eben noch ein Engel und plötzlich zum Monster mutiert? Gerade eben noch alles in Ordnung und plötzlich ein heilloses Durcheinander? Verzweifeln Sie nicht – das ist der ganz normale Alltagswahnsinn – bei Kindern genauso wie bei Hunden. Mauern die Kinder, weil sich irgendwie scheinbar alles nur noch um den kleinen Vierbeiner dreht? Auch hier gilt: tief durchatmen. Es kann einfach nicht immer alles rund laufen und es gibt Phasen, da müssen Sie, die Kinder und Ihr Welpe bzw. Junghund durch (siehe Seite 26). In der Regel ist alles halb so schlimm, wenn wir uns nicht aus der Ruhe bringen lassen.

Puppy mittendrin

Auch wenn Sie (theoretisch) wissen, dass der Umgang mit Tieren die sozialen Fähigkeiten von Kindern erhöht, kommt sicherlich der Tag, an dem Sie den Wahrheitsgehalt dieser Studie für Ihre Kinder anzweifeln. Spätestens dann, wenn halt doch mal das Lieblingsspielzeug Opfer der spitzen Welpenzähne wurde oder Welpi zu stürmisch unterwegs war und Ihr Kind umgeworfen hat oder … Spätestens dann ist der Welpe nämlich doof.

Es ist wichtig, dass die Familie zusammenwächst. Kinder und Hunde haben oftmals so ihren eigenen Deal – wie Geschwister eben so sind. Ein bisschen

können Sie das Zusammenwachsen steuern: Ein toller „Gegenpol" zum Welpe-Kinder-Alltagswahnsinn ist es, wenn die Kleinen mit dem Vierbeiner richtig coole Spiele machen und ihm kleine „Tricks" beibringen dürfen (ab Seite 124). Und damit schlagen Sie zwei Fliegen mit einer Klappe: Indem sich Ihre Kinder positiv mit dem neuen Familienmitglied auseinandersetzen, entwickelt Ihr neuer Vierbeiner eine wunderbare Großzügigkeit, falls sich ein Kind (Ihres oder auch ein anderes) einmal zu ruppig oder missverständlich ihm gegenüber verhalten sollte.

Auf Augenhöhe

Der soziale Umgang von Kindern mit Tieren erhöht nachweislich die sozialen Fähigkeiten von Kindern. Durch die soziale Interaktion mit Tieren lernen Kinder Verantwortung für ein anderes Lebewesen zu tragen, sich in es hineinzufühlen und sich selbst zurückzunehmen, um die Bedürfnisse des Schutzbefohlenen voranzustellen. Geschult in sozialer Kommunikation und Empathie haben Kinder (und diese später als Erwachsene) es im Leben einfacher sich zurechtzufinden, einen starken Freundeskreis aufzubauen und sich beruflich zu entwickeln.

1

Hilfe, Paulchen zahnt!

Endlich mal Pause: Ich sitze mit einem leckeren Cappuccino auf der Couch und kann mich für ein paar Minuten zurücklehnen. Die Kinder hocken auf ihrem Malteppich und zeichnen, während Paulchen nach dem aufregenden Spaziergang neben ihnen liegt und schläft. André ist früher nach Hause gekommen und zieht sich eben um. Das sieht nach einem schönen restlichen Tag aus.

„Mamiiii! Paulchen hat meinen Lieblingsstift kaputt gemacht. Das finde ich voll unfair!" Oje, vor einer Sekunde war die Welt noch in Ordnung, ab der zweiten Sekunde bricht die Hölle los. „Daniela! Weißt du eigentlich, was Paulchen gerade mit meiner Brille gemacht hat! Ich hatte sie nur für einen ganz kurzen Moment hier auf den Stuhl gelegt.", ertönt bereits die Stimme des Ehemannes. Entnervt hält er die Reste seiner Brille in die Luft. Hatte Paulchen nicht gerade eben noch friedlich bei den Kindern auf dem Malteppich geschlafen? Das sah so süß aus. Da saust er schon mit hoher Rute und einer Toilettenpapierrolle an mir vorbei. Verdammt, was ist nur plötzlich mit Paulchen los? Warte, du Schlingel, dich kriege ich. Nachdem ich ihm seine Beute abgenommen habe (klappte nur im Tausch gegen einen kleinen Knochen), sehe ich mir an, ob die angenagte Brille noch zu retten sein könnte. Hm, zahlt so etwas eigentlich die Hausratversicherung? Okay, die Brille muss definitiv neu ...

Am nächsten Tag erwische ich Paulchen, wie er unqualifiziert an der Türzarge knabbern will und kurz darauf kann ich in letzter Sekunde verhindern, dass er den Teppich annagt … Er ist auch insgesamt viel unruhiger. Vorsorglich verordne ich ihm mehr Ruhe in seiner Box. Da fängt er plötzlich an, seine Box von innen auffressen zu wollen! Mann, jetzt reicht es aber langsam. Auf meinem Abendspaziergang treffe ich unsere Nachbarin mit ihrem älteren Schoßhund. Wir gehen ein Stückchen gemeinsam. Ihr Hund ist so wunderbar abgeklärt, dass er ein super Erziehungspartner zu unserem Paulchen ist. Ich klage meiner Nachbarin mein Leid: „Selbst den Plastikfuß unseres Tretmülleimers in der Küche hat Paulchen jetzt schon angenagt." „Zähne.", antwortet Anneliese nur. Wie, Zähne? „Euer Paulchen zahnt. Logisch, dass er alles ankaut." Aber klar! Wie peinlich – ich ziehe zwei Kinder groß, aber vergesse völlig, dass ein Welpe auch einen Zahnwechsel hat. Immerhin ist Paulchen nun bald 6 Monate alt.

Nach dem Spaziergang fahre ich erst einmal in den Futterladen und besorge gute Kauknochen, ein Futterspielzeug und weiteres Spielzeug, an dem Paulchen ab sofort seine Kaulust austoben kann. Von Anneliese habe ich noch den Tipp bekommen, Weidenzweige aus dem Garten abzuschneiden. Die sollen beim Knabbern entzündungshemmend wirken. Super Idee! Das mache ich auch noch gleich. Und bei meinen Kindern habe ich immer das juckende Zahnfleisch massiert. Mal schauen, wie er eine solche Massage findet. Das rettet nicht mehr den Lieblingsstift oder die Brille, aber zukünftig sind wir gewappnet.

Typische Katastrophen mit dem kleinen Knirps

Missgeschicke können jedem passieren und kleinere Reibereien in der Familie sind ganz normal. Es geht nicht darum, dass sie nie passieren dürfen, sondern lediglich darum, dass man sie angeht, sobald sie auftreten.

Knurren am Napf

... ist etwas Typisches, das Ihr eben noch niedlicher Welpe bringen kann. Je nach Alter des Hundes, Hungergefühl, Müdigkeit und Wertigkeit des Napfinhalts. Nehmen Sie Ihrem Welpen einfach den Napf auf der Stelle weg, ohne Kommentar. Ich nutze nicht einmal das Abbruchsignal dazu, weil es mir nicht wert ist. Es wird geknurrt, zack, Napf ist weg. Emotionslos. Emotionen puschen eine solche Situation nur unnötig. Ihr Welpe sieht mit seinen Knopfaugen an? Wunderbar, er erhält seinen Napf zurück. Und denken Sie beim Weg-

nehmen des Napfes immer daran – Sie haben ein Kind geboren, was sollte Ihnen ein wenige Wochen alter Welpe antun können?

Nun lehnen Sie sich zurück und analysieren Sie die Situation:

> Ist es zu unruhig? Dann füttern Sie Ihren Welpen besser in der Box, dort geht es nicht zu wie am Hauptbahnhof.

> Testet Ihr Welpe Sie ohnehin heute? Ist das Futter im Napf besonders toll? Voilà, Sie haben eine neue Aufgabe! Üben Sie verstärkt den Beutetausch (siehe Kasten Seite 62). Stellen Sie Ihrem Welpen den Napf wieder hin. Bleiben Sie in seiner Nähe. Wenn er erneut knurrt, nehmen Sie ihm den Napf wieder weg, wie oben beschrieben. Er wird rasch begreifen, dass er mehr von Futter und Beute hat, wenn er sich artig benimmt. Niemand will ihm seinen Anteil an der Nahrung streitig machen. Jeder in der Familie kommt zu seinem Recht.

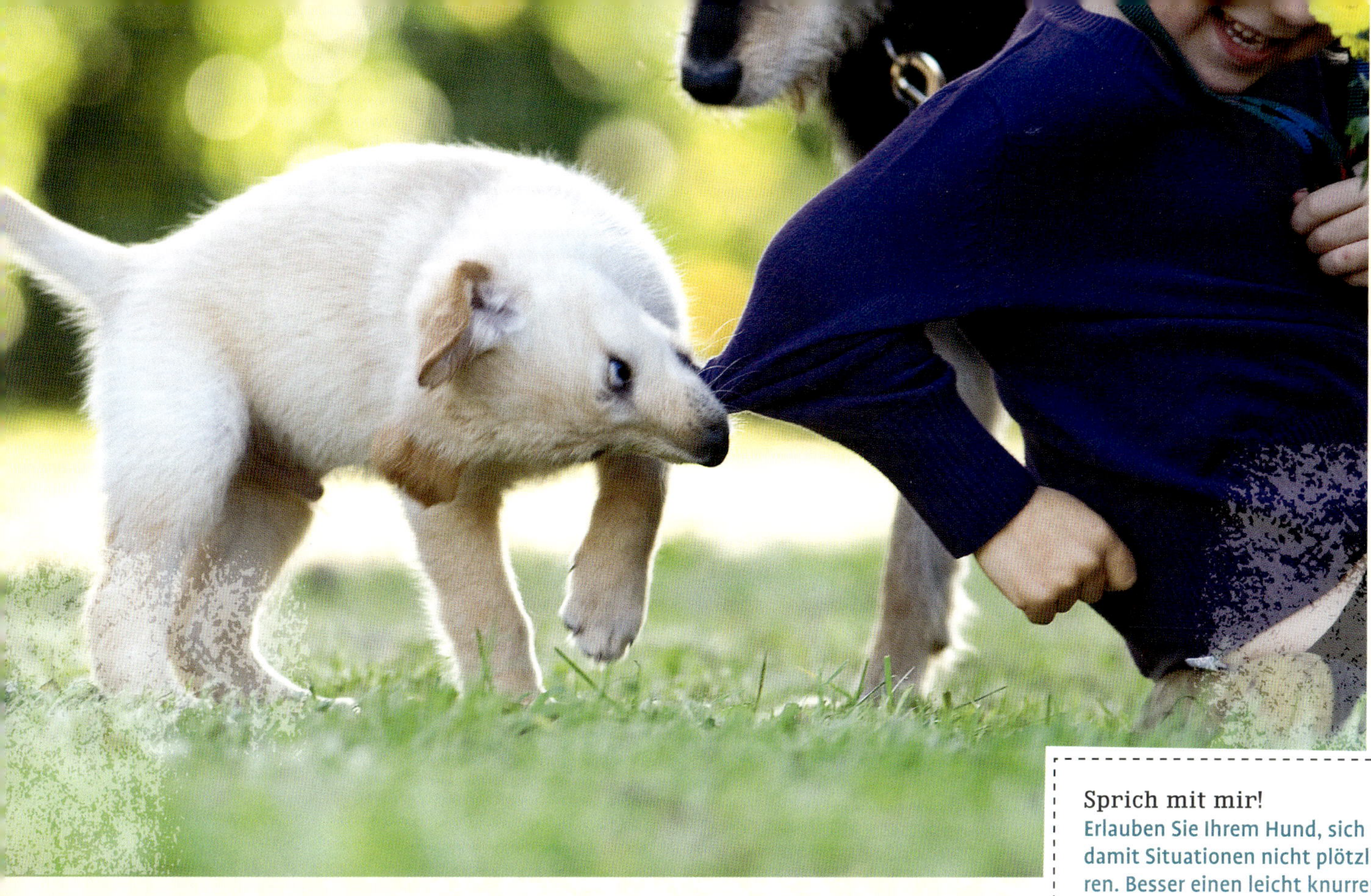

Sprich mit mir!
Erlauben Sie Ihrem Hund, sich mitzuteilen, damit Situationen nicht plötzlich eskalieren. Besser einen leicht knurrenden Hund, der dann auf seinen Platz verwiesen werden kann, als ein stummes Etwas, dem jegliche Kommunikation verboten wurde und das dann plötzlich zubeißt.

Bitte achten Sie darauf, Ihren Kindern unmissverständlich zu erklären, dass diese sich hier nicht einmischen!

Welpe zwickt Kind

Labradorbesitzer kennen sich oftmals damit aus: Der ungestüme, aber schon recht stattlich gewachsene Labbiwelpe knockt erst das Kleinkind aus, das mit ihm spielt und schnappt dann auch noch ungestüm in die kleinen Finger. Welpen wissen durchaus, dass Ihre Kinder Menschen sind. Aber sie sehen sich auf derselben Abhängigkeitsstufe wie Ihre Kinder. Also verhalten sie sich ihnen gegenüber wie Geschwister. Geschwister streiten sich und sie lieben sich.

Ihre Aufgabe besteht darin, Ihrem Welpen von Beginn an eine sehr gute Beißhemmung (siehe Seite 48) beizubringen, sprich Impulskontrolle. Egal, wie aufregend die Situation und aufgeregt die Teilnehmer, es wird respektvoll Abstand gehalten und kein Zahn trifft auf Haut.

Analysieren Sie außerdem, ob Ihr Welpe nicht bereits übermüdet ist. Genau wie Ihre Kinder, braucht auch Ihr kleiner Hund genügend Schlaf. Übermüdung macht ganz einfach schlechte Laune. Wer will ihm das verdenken?

Wie gesagt, Geschwister lieben sich und sie streiten sich. Ihr Hund hat nicht automatisch ein Wesensproblem, wenn er schnappt. Wir müssen stets die Gesamtsituation im Auge behalten und fair bleiben. Das nächste Mal reagieren Sie schneller und alles wird gut.

Pieselpfützen

Flauschige Untergründe haben eine magische Anziehungskraft auf Welpen. Und Pieselpfützen oftmals auf Kleinkinder. Solange Ihr Welpe nicht stubenrein ist, sollten Sie Räume mit Teppichfußboden zur Tabuzone für Ihren Welpen erklären. Welpen haben bereits eine sehr feine Nase. Nutzen Sie einen Reiniger, der gleichzeitig den Geruch möglichst gut neutralisiert. Sonst sucht Ihr Welpe in der nächsten Stunde womöglich gleich wieder dieselbe Stelle auf. Seien Sie behutsam bei der Auswahl Ihrer Reinigungsmittel (siehe Seite 35). Kaufen Sie nur solche, die für Ihren Hund auch unbedenklich sind.

Das Loch in der Socke ... und in so manch anderem Kleidungsstück

Ach ja, welcher Welpenbesitzer kennt das nicht. Einer meiner Lütten kam einmal freudestrahlend an mir vorbeigerannt. „War das nicht mein 50-Euro-Schein?", dachte ich. Mein Haushalt ist eigentlich welpensicher, tja, aber im Eifer des Alltags hatte ich meinen Geldschein wohl unbedacht auf einen Stuhl weggelegt (ich hatte zuvor die Wäsche zum Waschen sortiert). Nach einem raschen Tauschgeschäft war mein Welpe glücklich mit einem Knochen beschäftigt und ich konnte den 50-Euro-Schein ordnungsgemäß in meinem Portemonnaie verstauen. Socken, insbesondere, wenn sie getragen sind und nach uns riechen, Jacken, am liebsten mit Hundeleckerliresten drin und sonstigen Dinge, die wir trotzdem hin und wieder vergessen wegzuräumen, sind alle potenzielle Beutestücke für einen Welpen.

Unser Kind hat plötzlich Angst vorm Hund

Dies passiert in der Regel, weil der Welpe zu ungestüm mit Ihrem Kind ist, über Nacht gefühlt so groß wie eine Dogge wurde oder aber in die Hände geschnappt hat. Trainieren Sie insbesondere die Übungen für die Impulskontrolle (siehe z. B. Seiten 76, 78 und 96). Lassen Sie Ihr Kind erhöht beim Training zusehen. Ist Ihr Welpe noch immer ungestüm beim Leckerli nehmen, geben Sie Ihrem Kind eine Futtertube mit aufgeweichter Nahrung. Auf diese Weise ist seine Hand weiter weg von den Zähnen. Kuscheln Sie mit Ihrem Kind auf dem Fußboden und wehren Sie den Welpen ab, bis er ruhig ist. Sie können ihn auch festbinden, analog zur Parken!-Übung. Zeigen Sie Ihrem Kind, dass der Welpe erst nach ihm an zweiter Stelle kommt.

Alle gemeinsam auf dem Spielplatz?

Klar, Sie gehen mit Ihrer Familie im Park spazieren und die Kinder entdecken den Spielplatz. Hunde haben darauf eigentlich nichts zu suchen – dieser ist für Kinder. Weswegen sich aber die meisten Eltern über Hunde aufregen, ist die Tatsache, dass sich so viele im Spielsand erleichtern. Ist ja auch ekelig. Diese Eltern haben mein vollstes Verständnis, wenn sie nicht „Juchei" rufen, sobald sie einen

Hund sehen. Meiner Trainer-Erfahrung nach, freut sich aber jeder Mensch, wenn er sich respektiert fühlt und einen gut erzogenen Vierbeiner sieht.

Darum: Gehen Sie mit Ihren Kindern auf den Spielplatz und nehmen Sie Ihren Welpen auf den Schoß. Erklären Sie ihnen, dass Sie in dieser Situation nicht mit ihnen mitspielen können. Nutzen Sie die Zeit, um mit dem Welpen zu üben, damit Sie in Kürze wieder die Schaukel anschubsen können ☺. Fragen Sie einfach die anderen Eltern, ob es ihnen etwas ausmacht, wenn Sie ein artiges Freeze! bzw. Sitz! oder Leg dich hin! vor Ort üben. Sie werden sehen, die wenigsten werden etwas dagegen haben. Und wenn Ihr Welpe unruhig wird, weil er muss bzw. müde ist, werden auch Ihre Kinder es akzeptieren, dass es jetzt nach Hause geht.

Welpe frisst Schokoweihnachtsmann, ...

Das ist doof, Schokolade ist wirklich gefährlich für Hunde. Nun kommt es auf die Menge und Art der Schokolade (je höher der Kakaogehalt, desto prob-

lematischer der hündische Genuss) an und auf die Größe, respektive das Alter Ihres Hundes. Hat Ihr Welpe wirklich einen ganzen Weihnachtsmann oder mehr verschlungen, gehen Sie zur Sicherheit zu Ihrem Tierarzt. Sollte Ihr Welpe eine Nadel oder Ähnliches geschluckt haben, geben Sie ihm notfallmäßig eine Portion Sauerkraut zu fressen (siehe Seite 187). Das kann flotten Otto hervorrufen. Da die Nadeln etc. von den Krautfäden sicher umschlungen werden, kommt es möglicherweise nicht zu Schäden im Magen-Darm-Trakt. Zur Sicherheit fahren Sie zügig dann noch zu Ihrem Tierarzt.

Besuch hat Angst vor Hunden

Sollten Sie häufiger Besucher im Haus haben, die Angst vor Hunden haben, binden Sie sie möglichst jetzt schon in das Welpentraining mit ein. Denn augenblicklich ist Ihr Vierbeiner noch sehr klein. Viele Personen haben zwar später immer noch Angst vor Hunden, aber NICHT vor Ihrem! Denn den kennen sie von Geburt an. Üben Sie verstärkt das Bitte sagen!, damit Ihr Hund das Anspringen erst gar nicht erlernt. Nehmen Sie ihn an die Leine, so traut sich Ihr Besuch sicherlich, sich freier zu bewegen. Ein unentspannter Besucher kann Ihrem Welpen durchaus „beibringen", dass Gäste insgesamt seltsam sind – infolge

beginnt Ihr Hund, sich komisch zu verhalten (bellen, knurren, ...). Im Zweifelsfalle bringen Sie Ihren jungen Hund in seine Box oder in ein anderes Zimmer, damit er vor einer nicht trainierbaren Situation geschützt ist. Jetzt macht es sich bezahlt, dass Sie das Alleinebleiben von Anfang an geübt haben.

Ach ja, wir wollten ja eine Radtour machen ...

Natürlich dürfen Sie Ihrem Junghund bereits beibringen, am Fahrrad zu laufen. Das geschieht allerdings dann im Schritttempo und dauert nur wenige Minuten lang. Für Radtouren ist ein Junghund oder gar ein Welpe noch viel zu klein,

seine Knochen, Bänder und Sehnen nicht ausgereift genug. Sie brauchen dennoch nicht auf den
Familienspaß zu verzichten. Es gibt mittlerweile
eine ganze Reihe toller Hund-Anhänger. Bringen
Sie Ihrem Welpen das Sitzen im Anhänger bei wie
seine Box (siehe Seite 89). Anschließend schiebt
eine Person das Gespann und Sie belohnen währenddessen Ihren kleinen Knirps für braves Sitzen-
bleiben. Im nächsten Schritt fahren Sie vorsichtig
und eine zweite Person sieht nach Ihrem Welpen.
Er wird sich rasch daran gewöhnen, dass diese
Behausung etwas schaukelt. Machen Sie zunächst
nur einen kleinen Ausflug. Denken Sie, wie für Ihre
Kinder, auch für Ihren Welpen an Wasser und Napf
und lassen Sie ihn hin und wieder raus, um mit
ihm die Gegend zu erkunden.

Welpe hat die Leine durchgebissen

Der Klassiker: Sie haben zu lange weggeschaut
und Ihr Welpe fängt an, aus Langeweile oder weil
der Dreck daran lecker ist, die Leine zu zerkauen.
Da hilft wenig: Einfach eine neue kaufen, die aktu-
elle vielleicht noch zusammenknoten, und
zukünftig besser aufpassen. Hat Ihr Welpe Gefallen am Leinekauen gefunden, können ein Ket-
tenadapter oder auch Antiknabberspray zusätzlich
helfen.

Und mal wieder zu spät bei der KiTa ...

Verflixt, und wieder zu spät los zur KiTa? Für Not-
fälle ist es gut, ein Geschirr und eine Flexi-Leine
im Haus zu haben. An diesen brauchen weder
Welpe noch Sie auf korrekte Leinenführigkeit zu
achten und Sie kommen schneller voran. Alterna-

tiv müssten Sie Ihren Welpen unter den Arm
klemmen, um so noch rechtzeitig zu erscheinen.
Ich finde das aber eineutig anstrengender. Keine
Sorge, nur, weil Sie Ihren Welpen einmal haben
ziehen lassen, wird er trotzdem lernen, später vernünftig an der Leine zu laufen. Es ist nur so mit
uns Menschen und unserer Zeitnot im hektischen
Alltag: Die Ausnahme wird schnell zu Regel. Und
dann wundern wir uns, warum der ältere Hund
immer noch zieht ...

Strafe muss sein?!

Manchmal sind wir mit unserem Latein am Ende – sowohl bei der Erziehung der Vier- als auch der Zweibeiner. Und was jetzt tun?

Positive Verstärkung hin oder her, was aber tun, wenn Hund oder Kinder einfach die aufgestellten Regeln brechen? Muss man nicht zwischendurch doch auch mal zeigen „wo der Hammer hängt"? Wie in der Kindererziehung scheiden sich bei der Hundeerziehung häufig die Geister, wie man sich bei Tabubruch verhalten soll. Ein Belohnungssystem ist toll. Aber wie oft steht man mit dem Keks in der Hand da und der Welpe tut trotzdem, was er will? Wenn wir eine unangenehme Konsequenz aussprechen, wie groß sollte oder darf der Reiz dann sein?

Mit gegenseitigem Respekt und Zuneigung wachsen sie beide zu einem verlässlichen Team zusammen.

Modernes Hundetraining

Im modernen Hundetraining wird in der Regel die **positive Verstärkung** (siehe Seite 70) genutzt, wenn wir unserem Hund konkret etwas beibringen wollen. Dies kann z. B. sein, dass er sich setzen soll, wenn er etwas von uns will. Sobald er sich setzt, geben wir ihm das, was er als für sich lohnend ansieht. Dies

kann sein: Futter, eine Streicheleinheit oder auch das Losmachen von der Leine. Gleichzeitig ignorieren wir all seine anderen Versuche, unsere Aufmerksamkeit zu erzwingen. Dies kann sein Gejammer, Hochspringen, Gebell, Gezerre an der Leine oder das Schlecken an unseren Händen (dies gilt selbstverständlich nicht für Verhaltensweisen wie z. B. Beißen). Das ist also die **negative Bestrafung**. Unser Hund lernt, dass all diese anderen Versuche sich nicht lohnen, um das zu bekommen, was er will. Er wird sie sehr wahrscheinlich nicht weiter verfolgen, da sie ihren erhofften Zweck nicht erfüllt haben. Biologisch gesehen macht ihre Verfolgung also für den Hund keinen Sinn.

Modernes Hundetraining benötigt viel **Klarheit und Konsequenz** für unsere Hunde. Nur das Verhalten, das wir wollen, verstärken wir. Zeigt der Vierbeiner unerwünschtes Verhalten, lohnt es sich für ihn NIE. Halten wir diese Regeln ein, ist unser Hund brillant. Er lernt quasi über Nacht als Überflieger. Es überrascht mich selbst immer wieder, wie schnell unsere Hunde lernen, wenn wir diese beiden Regeln wirklich strikt befolgen.

Ich weiß aber aus eigener Erfahrung, wie schwierig es ist, den vollen Alltag so zu stricken, dass wir dieser modernen Hundeerziehung gänzlich

Fügen Sie Ihrem Hund keine Schmerzen bei oder bedrängen ihn so sehr, dass er sein Vertrauen in Sie verliert.

Genüge tun. Sie können nicht alles kontrollieren, stets perfekt agieren oder reagieren. Geben Sie einfach Ihr Bestes und ärgern Sie sich nicht zu sehr über Situationen, die schiefgelaufen sind. Das nächste Mal machen Sie es einfach anders. Genau wie bei der Kindererziehung ☺!

Bleiben Sie kritisch

In der Wahl der Methoden scheiden sich oft die Geister. Das Internet ist reich an Diskussionen, wie man was wann am besten macht. Leider nur zum Teil sachlich und lösungsorientiert. Versuchen Sie, sich nicht verunsichern zu lassen. Bleiben Sie aufmerksam und hinterfragen Sie kritisch. Es gibt Teams, die schwierig unter einen Hut zu bringen sind. Darum ist Hundetraining in erster Linie individuell. Das, was mit meinem Vierbeiner und mir funktioniert, muss nicht automatisch auch bei meinem Nachbarn und meinem eigenen Hund funktionieren. Und schon gar nicht bei meinem Nachbarn und dessen eigenem Hund.

Ich wehre mich gegen veraltete Trainingsmethoden, in denen Hunden Schmerzen und Furcht, völlige Unterwerfung angetan und abverlangt werden. Einen **verlässlichen Team-Partner** kann ich nur bekommen, wenn ich ihn mit **Respekt** behandle und **moderne Lernpsychologie** im Training verwende. Gleichzeitig müssen viele Menschen lernen, was wirkliche Konsequenz bedeutet. Wir lassen uns heutzutage schnell selbst ablenken und finden so viele Ausreden für uns selbst und unsere Artgenossen. Wie sollen wir da plötzlich unserem Hund gegenüber die korrekte Konsequenz walten lassen? Manch einer lässt es so lange schleifen, dass er mit gesenktem Haupt sein Heil im veralteten Abstrafen seines Hundes sieht. Oftmals mit Erfolg – niemand behauptet, das es nicht funktioniert, einen Hund über Angst und Dominanz zu lenken. Der Lerneffekt ist allerdings dabei gleich Null. Die **positive Bestrafung** versetzt Hunde allzu leicht in einen Zustand von Furcht. Es kann dauern, einen derart beeindruckten Hund wieder zu Selbstbewusstsein zu verhelfen. Eine zu starke **negative Verstärkung** wiederum kann einen Hund unter Umständen in einen so starken Erregungszustand versetzen, dass er einfach nicht auf die Lösung kommt, wie er den negativen Reiz „loswird". Folglich kann er auch nicht erlernen, was das von uns Menschen erwünschte Verhalten ist. Es geht auch anders, freundlicher – und ohne Vertrauensverlust. Insbesondere, wenn Sie frühzeitig die richtigen Weichen stellen.

Was heißt dies für Sie in der Praxis?

Als Trainer ist es manchmal schwierig, einen Handlungs-Tipp für einen Regelverstoß zu geben. Zumal schwarz auf weiß schriftlich fixiert. Dies ist einer der Gründe, warum wir Trainer gern die Wichtigkeit der **Fehlervermeidung** betonen. Die Schwierigkeit liegt darin begründet, dass eine „Bestrafung" schwieriger in die Praxis umzusetzen ist, als viele Besitzer vermuten. Wir können nicht 1:1 wie ein Hund reagieren – wir sind Menschen. Drei Punkte sind bei einer Verhaltenskorrektur wichtig:

1 Richtiges Timing

Viele Hundebesitzer regen sich beispielsweise auf, wenn sie nach Hause kommen und den geplünderten Mülleimer entdecken. Für eine Bestrafung, sprich Korrektur des Hundeverhaltens, ist zu diesem Zeitpunkt bereits zu spät. Um den schlecht gelaunten Menschen zu besänftigen, setzen Hunde dann eine Mimik ein, die wir Menschen

wiederum als Schuldbewusstsein interpretieren. In einer solchen Situation lernt ein Hund aber nur, dass das Familienoberhaupt von cholerischer Natur ist. Da er also nicht einzuschätzen vermag, wann sein Mensch einen Wutausbruch hat, bleibt er womöglich mit der Zeit besser in seiner Kiste. Erst wenn er sich sicher ist, dass sein Mensch guter Dinge ist, wird er ihn begrüßen. Die schlechte Laune verknüpfen Hunde definitiv nicht mit dem ausgeleerten Mülleimer – den haben sie schon wieder vergessen, zu lange her.

2 Intensität des Reizes

Wollen Sie bei Regelbruch entsprechend einwirken, müssen Sie dieselbe Vehemenz mitbringen, die der Reiz aufweist, dem Ihr Hund nicht widerstehen kann. Die meisten Hundebesitzer fangen vorsichtig an. Darauf mag ihr Hund kurz reagieren. Schnell ignoriert er eine weiche Einwirkung jedoch. Die Besitzer werden dann Stück um Stück härter in ihrer Zurechtweisung. Auch mag es sein, dass sich die Hunde zunächst von der Zurechtweisung irritieren lassen – nach kurzer Zeit nehmen sie sie in Kauf. Sie werden quasi immun gegen die fortschreitende Intensität der Zurechtweisung und nehmen ihren Menschen nicht mehr ernst.

3 Konsequenz

Sie müssen Ihren Hund jedes Mal für ein Verhalten zurechtweisen, das er nicht tun soll. Räumt Ihr Hund, um beim Beispiel zu bleiben, den Mülleimer aus, dann müssen Sie ihn jedes Mal erwischen – im richtigen Augenblick (= Timing) in der richtigen Intensität (= Stärke).

Ich sage nicht, dass ein Hund nicht auch einmal gröber angefasst werden darf – nur, Sie kommen nach meiner Erfahrung in den meisten Situationen schneller zum Ziel, wenn Sie erst die Situation analysieren, die Ihnen missfällt. Sie werden sehen, es ist leicht, einem Hund zu vermitteln, was er tun soll. Alles, was es braucht ist Ihre Kreativität und simple Lerngesetze, die für jedes Lebewesen dieser Welt gelten.

Eine wichtige **Regel** lautet: Ein Hund ist ein Hund! Entziehen Sie ihm seine Privilegien, wenn er über die Stränge schlägt. Schränken Sie seinen Freiraum und damit seine Entscheidungsmöglichkeiten ein. Er verträgt auch durchaus einmal ein barsches Wort. Davon kommt er nicht um. Indem Sie seinen Freiraum beschneiden, geben Sie ihm die Chance, schneller das in Ihren Augen richtige Verhalten zu zeigen. Sobald Ihr Hund sich richtig verhält, belohnen Sie ihn – ohne nachtragend zu sein. Jedes Familienmitglied lernt die Konsequenzen zu spüren, wenn es eine oder gar mehrere Regeln bricht. Der schnelle Weg ist auch beim Menschen der Entzug von Privilegien und nicht die Prügelstrafe oder das Bewerfen mit Gegenständen.

> **Dr Yin's Brownie-Fette Hüften-Theorie**
>
> Ein weiteres Problem besteht, wenn die kurzfristige Erfüllung für Ihren Hund so viel wert ist, dass er das Risiko einer späteren Bestrafung eingeht. Kennen wir das nicht auch? Das süße Stück ist einfach zu lecker – auch wenn wir wissen, dass jedes Gramm auf unseren Hüften landen wird. Die wenigsten Menschen würden dieses Fakt weiterhin ignorieren, wenn jeder Bissen SOFORT auf ihren Hüften zu sehen wäre.

Arme hoch!

Wer? Ich?

Cool – euer Hund lernt, sich hinzusetzen, sobald du die Arme hochnimmst. Ganz schön praktisch!

Warum?

Was machst du, wenn ein Hund dich bedrängt? Klar, das ist natürlich auch davon abhängig, wie alt du bist. Bist du noch etwas jünger, tippe ich mal darauf, dass du wahrscheinlich ganz automatisch die Arme hochreißt. Wie wäre es, wenn sich euer Hund in einer solchen Situation wie von Zauberhand hinsetzt und alles ist gut? Klingt super, stimmt's?

Was brauchst du dafür?

Für diese Übung brauchst du ganz viele Leckerlis und euer Welpe sollte bereits wissen, wie man „Bitte" sagt.

Und los geht's

1 Nimm ein paar Futterbrocken in eine Hand. Gerade so viele, dass sie nicht herauspurzeln. Und wenn es auch nur ein einzelnes Leckerli ist. Du darfst dem Welpen gerne zeigen, dass du eine Belohnung in den Händen hältst.

2 Der Welpe wird sofort „Bitte" sagen, indem er sich hinsetzt. Schließlich will er die Belohnung haben.

3 Setzt sich der Hund ruhig hin – super! Genau in dem Moment gibst du ihm eine Belohnung. Dies wiederholst du nun 10 Mal. So ist der Welpe auch wirklich ganz sicher davon überzeugt, dass

der einzige Lösungsweg, an den Futterbrocken zu kommen, der ist, sich vor dich hinzusetzen.

4 Sobald dies gut klappt, geht es einen Schritt
weiter: Jetzt bringst du ihm bei, sich hinzusetzen,
sobald du die Arme hochnimmst.

5 Zeige dem Welpen die Belohnung und nimm gleich darauf
deine Arme hoch.

6 Da der Welpe nun weiß, dass er die Leckerlis nur bekommt,
wenn er sich hinsetzt, wird er garantiert genau das jetzt tun.
Schließlich hat er die 10 Male davor auch die Belohnung erhalten,
sobald er sich hingesetzt hat.

Und, klappt's?

Sofort erhält der Kleine seine Belohnung. Diesen Schritt übst du
bitte 20 Mal. Dann wechselt ihr den Ort. Ihr übt im Flur, an der Haustür, im Garten. Und mit Unterstützung eines Erwachsenen auch an
der Straße (Welpe ist angeleint), vor der KiTa, …

Lass deine Freunde mitmachen

Stell die Futterbrocken bereit. Alle Kinder, die in den
nächsten Wochen zu Besuch kommen, müssen einmal die Arme hochnehmen, wenn der Welpe zu
ihnen kommt. Setzt er sich, erhält der Welpe von
deinem Freund das Leckerli. Und wenn es in
der Begrüßungssituation einmal schnell
gehen muss, kommt es von deiner Mutter.

Wenn's nicht gleich klappt

Das kennst du ganz bestimmt auch
von dir selbst: An manchen Tagen fällt dir
das Lernen total leicht und an anderen klappt irgendwie gar nichts.
Das ist bei eurem Hund nicht anders. Du kommst am schnellsten
zum Ziel, wenn du ruhig und geduldig bleibst, auch wenn der Hund
anfängt, Quatsch zu machen. Zugegeben, das ist nicht immer ein-

Tipp für deine Eltern
Kinder und Welpen zusammen sind ein toller Anblick.
Damit dies so bleibt, sollten Kinder immer nur mit
einem Welpen spielen, üben oder Gassi gehen, der ein
Geschirr trägt. Die Gesundheit des Welpen geht vor!

Vier-Buchstaben-Platz!

Sobald du dich hinsetzt, legt sich euer Hund hin! Hey, das klingt fast wie ein Zaubertrick ...

Warum?

Du willst in Ruhe am Tisch malen, aber euer Hund nervt dich?! Ab sofort gehört das der Vergangenheit an, denn euer Vierbeiner lernt mit deiner Hilfe, dass er sich hinlegen soll, sobald du auf deinem Stuhl sitzt. Das ist total praktisch. Auch für die Zukunft: Euer Hund wird schließlich irgendwann mal groß und je nach Rasse überragt er dich im Sitzen dann vielleicht sogar. Dir mag das dann nichts ausmachen, aber deiner Freundin oder deinem Freund ist vielleicht schon ein wenig mulmig. Ganz einfach klappt das Üben, wenn euer Hund bereits eine Ahnung davon hat, was das Kommando *Leg dich hin!* bedeutet.

Was brauchst du dafür?

Einen niedrigen Stuhl oder einen Schemel und ganz viele Leckerlis.

Und los geht's

1 Der Aufbau verläuft im Prinzip analog zur ersten Übung Arme hoch!

2 Nimm ein paar Futterbrocken in deine Hand. Am besten setzt du dich gleich auf deinen Stuhl. Euer Vierbeiner sollte vor dir stehen oder sitzen, am besten an der Leine.

Hach! Schööön!

Und, klappt's?

Euer Vierbeiner ist sicherlich ziemlich schlau und blickt sehr rasch, dass er gleich das Leg-dich-hin-Kommando von dir hört, sobald du dich hinsetzt. Schließlich winkt ja dann seine Belohnung.

Merkst du, dass du bald gar nichts mehr sagen brauchst? Du setzt dich hin und ...schwups, liegt euer Welpe! Klasse! Je öfter ihr zwei übt, umso schneller wird der Vierbeiner reagieren, schließlich hat er euren Trick schon längst gecheckt. Toll gemacht!

Aber wahrscheinlich brauchst du ihn gar nicht zu dir herlocken – schließlich hast du ja Leckerlis in deiner Hand ◆.

3 Gib dem Welpen nun das Signal *Leg dich hin!* und belohne ihn, sobald er sich hingelegt hat.

4 Jetzt wird's knifflig: Achte darauf, dass der Welpe auch wirklich liegen bleibt, während du ihn belohnst. Ansonsten entwickelt er sich fortan zu einem Steh-auf-Männchen. Sieht lustig aus, ist aber für den Alltag eher lästig.

5 Damit euer Hund den „Zaubertrick" auch wirklich lernt, erlaubst du ihm nun das Aufstehen mit eurem Auflösekommando *Okay!* und marschierst mit ihm ein paar Schritte durch den Raum. Dann gehst du direkt zum Stuhl, setzt dich hin und gibst dabei das *Leg-dich-hin!*-Signal.

6 Legt sich der Welpe hin? Super, da hat er sich seine Belohnung wirklich verdient.

Lass deine Freunde mitmachen

Nicht nur dein häufiges Üben mit eurem Welpen ist wichtig, sondern klasse ist es auch, wenn deine Freunde ebenfalls mit ihm üben. Dann sitzt die Übung Vier-Buchstaben-Platz! ganz bestimmt ganz schnell.

Wenn's nicht gleich klappt

Will sich euer Hund nicht hinlegen oder versteht er die Verbindung zu deinem Hinsetzen auf den Stuhl nicht? Will sich euer Hund nicht hinlegen, dann übe erst einmal mit deinen Eltern zusammen das Leg dich hin! (siehe Seite 94) bei deinem Stuhl. Klappt es jetzt? Super gemacht! Jetzt setzt du dich hin und gibst eurem Welpen das Signal zum Hinlegen. Deine Mutter oder dein Vater helfen mit dem Hundekeks. Sobald euer Welpe liegt, belohnst du ihn ganz doll mit ein paar weiteren Hundekeksen. Klasse gemacht! Übe noch ein paar Mal mit Hilfe und dann könnt ihr zwei das ganze allein!

It's magic!

Diese Übung hat fast etwas Magisches an sich: Euer Welpe weicht rückwärts, ohne dass du ihn anfasst.

Warum?

Euer Hund bedrängt dich und du möchtest, dass er zurückweicht? Verständlich! Mit dieser Übung schaffst du das locker: Du streckst eine Hand nach vorne und wie von Zauberhand weicht der Hund ein paar Schritte rückwärts. Das ist nicht nur praktisch, solange er noch klein ist, auch zukünftig hast du auf diese Weise die Möglichkeit, ihn auf Abstand zu bringen bzw. zu halten.

Was brauchst du dafür?

Auch hier brauchst du wieder Leckerlis.

Und los geht's

1 Starte die Trainingseinheit damit, dass du ein paar Futterbrocken in die Hand nimmst. In diesem Fall darfst du dir gern in beide Hände Futter nehmen. Am besten ist, wenn ihr euch gegenübersteht.

2 Anschließend führst du beide Hände an das Maul eures Welpen und verleitest ihn dazu, eine Idee rückwärtszugehen, aber ohne ihn dabei zu schieben. Ein einziger freiwilliger Schritt oder gar nur eine Gewichtsverlagerung reicht dabei völlig.

3 Sofort gibst du ihm eine kleine Kette an Futterbrocken zur Belohnung.

4 Manchmal erfordert es etwas Übung, den kleinen Knirps nach hinten zu lenken, denn dieser stolpert manchmal über seine Hinterbeine (die vergisst ein Welpe hin und wieder). Das wird – Übung macht den Meister!

5 Sobald 2–3 Schritte rückwärts funktionieren, kannst du das Handsignal einführen. Der Einfachheit halber nimmst du dafür nun nur noch in die eine Hand Futterbrocken. Mit der anderen gibst du ihm das „Stopp"-Zeichen, indem du sie nach vorne ausstreckst. Die Futterhand hältst du möglichst zurück an deiner Brust.

6 Gleichzeitig mit dem Handsignal gehst du nun einen Schritt vorwärts, um ihn zum Rückwärtsgehen zu animieren. Manchmal klappt das nicht auf Anhieb. Jetzt muss euer Welpe nämlich richtig mitdenken, schließlich muss er nun lernen, dass er statt auf die Leckerli-Hand auf die mit dem Handsignal achten muss. Aber hab Geduld, das wird schon!

Und, klappt's?

Sobald euer Welpe einen oder auch nur einen halben Schritt zurückgegangen ist, bekommt er von dir sofort seine Belohnung. Jetzt kannst du die Schrittanzahl auf bis zu 3 sichere Schritte ausweiten.

Klappt dies gut und ihr beide seid weiterhin motiviert, kannst du den Schwierigkeitsgrad noch erhöhen: Versuche nun, dein eigenes Gewicht leicht nach vorne zu verlagern und die Hand mit dem Stopp-Signal vorzustrecken. Geht euer Welpe automatisch zurück? Super!

Ihr seid ein tolles Team. Übt fleißig weiter!

Lass deine Freunde mitmachen

Sobald die Übung mit dir und eurem Hund gut funktioniert, ist es super, wenn auch deine Freunde mit ihm trainieren. Natürlich nicht alle auf einmal und nicht stundenlang, aber immer wieder …

Wenn's nicht gleich klappt

Euer Hund steht auf dem Schlauch und versteht einfach nicht, dass er rückwärtsgehen soll? Kein Problem, das haben wir gleich behoben. Probiere mal folgenden Trick: Gehe mit ihm zu einem kleinen Hügel. Du stehst ganz oben und euer Welpe auf halber Strecke. Wenn du jetzt euren Hund rückwärts lockst, dann fällt es diesem hoffentlich leichter. Denn es ist viel anstrengender, einen Hügel hochzulaufen als herunter. Das kannst du gern einmal ausprobieren. Für das Üben daheim verrate ich dir auch einen Trick: Baue eine Gasse aus Stühlen auf, gerade so breit, dass du und euer Welpe dazwischenpasst. Das hilft eurem Welpen ebenfalls zu verstehen, was du von ihm möchtest.

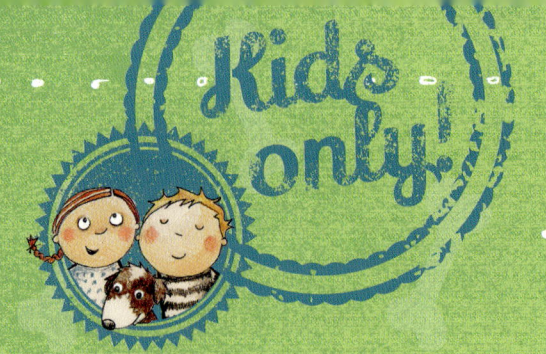

Na, na!

Zusammen mit dem kleinen Vierbeiner Spaß zu haben ist super. Es kommt aber bestimmt der Tag, da findet euer Welpe etwas total lustig und du gar nicht ... Was dann? Hier gibt es Hilfe.

Warum?

Wenn euer Welpe etwas macht, das du total blöd findest (z. B. hat er doch mal dein Lieblingsspielzeug erwischt und möchte sich gerade klammheimlich damit vom Acker machen) – wie machst du ihm klar, dass er das ganz schnell lassen soll? Vor allem da du weißt, dass weder ein grober Schubser noch Anschreien besonders hilfreich ist.

Hier nützt es, mit ihm „Na, na!" zu üben – damit kannst du ihm seine Grenze deutlich machen.

Was brauchst du dafür?

Irgendein Spielzeug von dir, das für euern Welpen eigentlich tabu ist und – natürlich – Leckerlis.

Und los geht's

1 Am besten schaust du dir zuerst mal kurz an, wie deine Mama oder dein Papa die Tabu!-Übung (siehe Seite 96) mit eurem Welpen übt.

2 Danach bist du dran. Leine den Welpen als erstes an und halte ihn relativ kurz.

3 Jetzt legst du ein paar Futterbrocken oder dein Spielzeug auf den Boden.

4 Wenn der Welpe sich auf das Objekt der Begierde stürzen will – keine Sorge: Du hältst ihn ja an der Leine fest. Kann also nichts passieren.

5 Nun lockst du den Vierbeiner zu dir. Dabei darfst du gerne rückwärtslaufen.

Und, klappt's?

Kam der Welpe zu dir? Super! Jetzt hat er sich wahrlich seine tolle Belohnung verdient. Du wirst sehen: Das andere wird von Mal zu Mal uninteressanter.

Wenn es gut klappt, kannst du jetzt, anstatt euren Welpen zu dir zu locken, diesem das „Na, na!" hinterherrufen. Ich bin ganz sicher, dass er sich umdrehen wird. Yeah – und jetzt belohnst du ihn wieder ausgiebig.

Übe das nun mit unterschiedlichen Dingen, die euer Welpe schon immer interessant fand sowie an unterschiedlichen Orten.

Wenn's nicht gleich klappt

Gelingt es nicht gut? Kein Problem – versuche einfach eine andere Variante: Nimm einen Futterbrocken in die geschlossene Hand. Diese hältst du dem Welpen entgegen.

Solange er versucht, an das Futter zu kommen (kratzen, betteln, wälzen, jammern, …) unternimmst du gar nichts. Deine Hand bleibt an Ort und Stelle – wie festgefroren.

Nimmt sich der Welpe kurz zurück, sprich, er sieht weg oder setzt sich gar hin – Bingo! Deine Hand öffnet sich.

Jetzt hat sich euer Hund die Belohnung wahrlich verdient. Und du darfst ab sofort dein *Na, na!* einführen.

Tipp für deine Eltern

Ich finde es wichtig, dass auch Kinder ein Werkzeug an die Hand bekommen, um dem Welpen zu zeigen, dass nicht alles erlaubt ist. Richtig erklärt, zahlt es insgesamt auf die Impulskontrolle von dem Vierbeiner ein. Ihre Kinder dürfen sich ein gemeinsames „Kinder"-Auswort überlegen. Das kann gern auch ein Phantasiewort sein.
Die Variante des Tabu-Trainings mit der geschlossenen Hand eignet sich nicht für sehr kleine Kinder oder Kinder, die empfindliche Hände haben. Mitunter können Welpen hier zu stürmisch werden.

Sei ein Stein!

Es ist superpraktisch, wenn du euren kleinen Hund zwischendurch kurz irgendwo anbinden kannst. Auf diese Weise hast du mal eine Hand frei – beispielsweise, um ein Eis zu essen!

Warum?

Stimmt's? Meist hast du „alle Hände voll" zu tun und nicht noch eine Hand frei, dir den Welpen vom Leib zu halten. Da ist es ziemlich praktisch, wenn du den Hund „parken" kannst, ohne dass er anfängt zu rebellieren. Es ist außerdem eine hervorragende Übung, bereits dem jungen Hund zu verdeutlichen, dass er zwar mit dir echt viel Spaß haben, er aber nicht immer direkt an deiner Seite sein kann.

Was brauchst du dafür?

Für diese Übung brauchst du Leckerlis, eine Leine und einen Pfosten, an dem du den Welpen anbinden kannst.

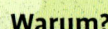

echt erzieherische Maßnahme!

Und los geht's

1 Nimm den Welpen an die Leine und binde ihn damit beispielsweise an den Pfosten eures Gartenzauns. Achte bitte darauf,
dass du ihn auf jeden Fall an etwas Pfostenähnliches anbindest und
nicht etwa an einen Gegenstand, den euer bärenstarker Welpe plötzlich hinter sich herziehen kann. Es spielt keine Rolle, ob er dabei
sitzt, liegt oder steht.

2 Mit Leckerlis in der geschlossenen Hand gehst du einen Schritt
zurück, ohne dass dir der Kleine folgen kann. Mach dich dabei
ruhig so groß wie du kannst (= aufrechte Körperhaltung) und strecke
eine offene Handfläche nach vorn. Damit signalisierst du eurem
Hund „Stopp, bleib wo du bist!".

3 Ist er schön artig und zappelt, jault oder bellt nicht, darfst du
zurückgehen und ihn mit einer Reihe Leckerlis belohnen.

Tipp für deine Eltern
Läuft das Training gut, kann Ihr Kind die Übung sogar
noch einen Ticken schwerer machen: Den Hund wie
oben beschrieben anbinden und das Kind geht zusätzlich kurz um die Ecke – außer Sicht. Auf diese Weise
lernt der Welpe, dass Ihre Kinder ihn beispielsweise im
Garten kurz festbinden dürfen, um anschließend noch
etwas ohne ihn aus dem Haus holen zu können.

4 Und jetzt heißt es „wiederholen, wiederholen, wiederholen" –
immer vor- und zurückpendeln.

5 Gern darfst du die Distanz Schritt um Schritt ausdehnen. Ziel
der Übung bleibt grundsätzlich, dass der Hund ruhig bleibt.

Wenn's nicht gleich klappt
Wenn es nicht klappt, dann versuche es mit einem Hundekeks,
den euer Hund nicht so wahnsinnig spannend findet. Das kann
helfen.

Meister-Übung

Das Signal *Decke!* kann euer Welpe schon? Prima! Du legst aber jetzt noch eine Schippe drauf: Du bringst eurem Welpen nun bei, auf deinem Rucksack oder auch deiner Jacke liegen zu bleiben.

Warum?

Es ist zwar total praktisch, wenn du euren Hund wie in der Übung Sei ein Stein! an einem Pfosten parken kannst. Aber was machst du, wenn es keinen gibt? Die rettende Idee: Du bringst eurem Welpen bei, dass er sich auf deine Jacke bzw. deinen Rucksack legen und dort verweilen soll, bis du wieder die Hände frei hast. Er wird deine Jacke toll finden – sie riecht so gut nach dir!

Was brauchst du dafür?

Bei dieser Übung brauchst du Leckerlis, eine Leine und deine Jacke oder deinen (leeren) Rucksack, auf den sich der Welpe legen soll.

Schritt für Schritt

1 Am besten trainierst du gleich draußen im Garten oder ohne viel Ablenkung im Park bzw. Wald.

2 Nimm euren Welpen an die Leine und leg deinen Rucksack oder auch deine Jacke schön flach auf den Boden.

3 Nun bist du gefragt: Mach eurem kleinen Hund den Ort schmackhaft, indem du ihn mithilfe eines Futterbrockens dorthin lockst (am besten lässt du dir von deiner Mutter erklären, wie sie es beim Signal *Decke!* gemacht hat, siehe Seite 84).

4 Sobald der Welpe auf den Rucksack geklettert ist und liegt, erhält er eine Handvoll Futterbrocken als Belohnung (der Reihe nach natürlich).

5 Demonstrativ lässt du die Leine eures Vierbeiners fallen und schaust ihn freundlich an.

6 Jetzt gibst du ihm das *Leg-dich-hin!*-Signal und belohnst ihn, während er auf deinem Rucksack (oder Jacke) liegt.

7 Bevor du weggehen kannst, musst du dich erst aufrichten können und der Welpe liegen bleiben. Klappt's? Dann ist jetzt die große Belohnungszeremonie angesagt.

8 Dann auf zum nächsten Schritt! Lass dich nun vor- und zurückpendeln – ganz wie bei der Sei-ein-Stein!-Übung. Stets wird der Welpe belohnt, wenn er ohne zu mosern auf dem Rucksack, der Jacke liegen bleibt!

9 Jetzt wird's richtig knifflig: Nun übt ihr zwei auf Distanz und Zeit – dabei erhöhst du immer nur eines davon. 10 Schritte Distanz sind großartig und 30 Sekunden ebenfalls.

Wenn's nicht gleich klappt

Wenn der Welpe nicht gleich komplett auf den Rucksack oder die Jacke zu locken ist, dann belohne einfach jeden Zwischenschritt – erst eine Tatze „Yeah", dann zwei Tatzen „Doppel-Yeah" und so weiter. Steht euer Welpe einfach immer wieder auf, sobald du dich aufrichtest (an weglaufen ist gar nicht zu denken), gib nicht auf. Setz dich einfach vor ihn und deine Jacke und belohne ihn so einen Zeitlang dafür, dass er liegen bleibt. Dann nimmst du dir einen Stuhl. Darauf sitzend übst du dasselbe. Und nun übst du wieder im Stehen. Als letztes versuchst du, dich hin und wieder etwas zu entfernen. Achte auch darauf, dass es nicht zu viel Ablenkung gibt. Du brauchst zunächst sehr viel Ruhe, um eurem Welpen diese schwierige Übung beizubringen.

Tipp für deine Eltern
Diese Übung ist aus zweierlei Hinsicht toll für Kinder: Erstens üben sie wieder etwas Eigenes, d.h. sie übernehmen aktiv Verantwortung für sich und auch für den Welpen. Sie können eigenständig dem Welpen einen festen Platz zuweisen – im Garten etwa, wo sein Körbchen nicht steht, in das Sie ihn normalerweise schicken. Zweitens ist diese Übung hilfreich, wenn Sie als Familie unterwegs in der Natur sind, etwa auf dem Waldspielplatz. Es ist einfacher, einem jungen Hund zu sagen, dass er sich auf ein Kleidungsstück des Besitzers legen und dort bleiben soll, als ihn frei abzulegen. Und Ihre Kinder sind sicherlich stolz wie Oskar, wenn das gut klappt!

Hütchen-Suchspiel

Bei dem Spiel ist die Nase eures Hundes gefragt. Nur durch Schnüffeln soll er herausfinden, unter welchen „Hütchen" du etwas für ihn versteckt hast.

Warum?

Du und euer Welpe beschäftigt euch gemeinsam und lernt einander besser kennen. Du versteckst ein paar Futterbrocken oder auch ein Spielzeug des Welpen unter einem von drei Blumentöpfen oder ähnlichen Gefäßen. Der Welpe muss diese der Reihe nach durchschnüffeln und z. B. durch sich hinlegen oder vorsichtigem anstupsen anzeigen, wo er die Beute vermutet.

Was brauchst du dafür?

Leckerlis und 3 Blumentöpfe aus Ton. Statt Leckerlis kannst du auch das Lieblingsspielzeug eures Hundes nehmen, wenn es ganz unter die Blumentöpfe passt. Blumentöpfe aus Ton sind super, denn die kann der Hund nicht so schnell umwerfen.

Und los geht's

1 Stelle die 3 Blumentöpfe auf dem Kopf vor dich hin. Das Loch im Boden zeigt also nach oben und der Topf steht auf seiner breiten Oberseite.

Wo isses denn?

7 In der Sekunde, in der euer Welpe liegt, lüftest du den Blumentopf und erlaubst ihm, sich die Belohnung zu nehmen.

Wenn's nicht gleich klappt

Wird der Hund ungestüm, weiß er vielleicht nicht so recht, was du von ihm möchtest. Mach's ihm leichter, indem du weniger Blumentöpfe nimmst. Du kannst auch mit einem einzigen anfangen. Hat dein Welpe gar keinen Spaß an dem Spiel, dann schau mal nach, was ihr sonst noch so an Hundekeksen oder Hundespielzeug habt.

2 Euer Welpe macht davor Sitz oder Platz. Du darfst das Signal wählen, das am besten bei euch klappt. Alternativ darfst du den Welpen auch festbinden oder ihn von einer anderen Person festhalten lassen.

3 Dann versteckst du unter einem Blumentopf ein Leckerli (oder das Spielzeug).

4 Sobald du zufrieden bist – Beute ist getarnt, der Welpe gespannt wie ein Flitzebogen – gib das Signal *Such!* oder *Wo ist es?* Wie du das Signal benennst, spielt keine Rolle, nur solltest du dann dabei bleiben.

5 Nun darf euer Welpe losstürmen und die tollen Töpfe erkunden. Durch die Löcher oben riechen oder auch unten am Boden entlanggehen.

6 Will er an dem einen Blumentopf kratzen oder ihn umwerfen, weil er sich total sicher ist, dass dort die Beute (Futter, Spielzeug) versteckt ist, gibst du das Signal *Leg dich hin!*, gern zusätzlich mit Handsignal.

Tipp für deine Eltern

Dieses Spiel können Ihre Kinder mit allen möglichen Behältern spielen und mit so vielen wie sie es managen können. Je mehr Behältnisse Ihr Welpe absuchen muss, um seine Belohnung zu finden, desto schwieriger ist es für ihn. Bewährt hat sich, gerade zu Beginn, eine Anzahl von drei bis vier, damit auch Ihre Kinder nicht den Überblick verlieren. Ich nutze lieber schwerere Behälter, die ein Hund nicht so leicht umschmeißen kann. Schnell lernt er sonst ohne die rechtzeitige Korrektur einfach nur ungestüm „Alle Neune" zu kegeln – und findet dabei zufällig seine Belohnung. Aus diesem Grund lasse ich die Hunde auch lieber anzeigen, dass sie die Belohnung gefunden haben, indem sie sich hinsetzen oder hinlegen. Darf ein Hund die Behältnisse einfach selbst umwerfen, belohnt er sich bereits mit „Alle Neune" und dem anschließenden Chaos.

Pfötchen geben

Bin ich gut?

<u>Der Trick sieht toll aus und du kannst ihn ganz easy eurem Welpen beibringen.</u>

Warum?

Wenn du dich mit eurem Welpen beschäftigen und dann noch deinen Freunden einen tollen Trick zeigen möchtest, den du ihm beigebracht hast, dann ist das Pfötchen geben super! Praktisch kann dieser Trick übrigens auch sein, falls sich der Welpe einmal vorne in der Leine verheddern sollte. *Gib Pfötchen!* und die Leine ist wieder frei.

Was brauchst du dafür?

Hierfür brauchst du wieder Leckerchen.

Und los geht's

1 Am einfachsten für den Welpen ist es, wenn er vor dir Sitz! macht.

2 Nun nimmst du ein paar Futterbrocken in die geschlossene Hand.

3 Diese Hand hältst du eurem Welpen gerade eben außer Reichweite über seine Nase.

4 Aus dem Betteltrieb heraus wird der Welpe eine seiner Vorderpfoten ein wenig anheben – und wenn es nur eine Idee ist.

5 Super! Sag noch schnell *Gib Pfötchen!* – er hat sich seine Belohnung verdient und bekommt wie aneinandergereiht alle Futterbrocken aus deiner Hand.

Wenn's nicht gleich klappt

Du bist zwar mega-geduldig und euer Welpe mit Eifer dabei, aber es will einfach nicht klappen? Der Welpe darf gern mittels Kitzeln an seiner Pfote an selbige erinnert werden. Alternativ darfst du auch die ganze Pfote hochnehmen. Sobald die Pfote in der Luft ist – belohnen, belohnen, belohnen!

Tipp für deine Eltern
Pfötchen geben ist ein Riesenspaß und kann auch als Begrüßungsritual zwischen Kindern und Hund eingeführt werden – à la „Tschüss und Hallo". Dafür können beide Pfoten trainiert werden. Die eine fürs Verabschieden, wenn es zur Schule geht, die andere fürs Hallosagen, wenn die Kinder mittags zurück sind.

Leckerlisuche im Gras

Draußen oder im Haus kannst du eurem Welpen eine spannende Leckerlispur legen, der er folgen soll. Im Freien kannst du dir auch hohes Gras suchen, das macht es noch spannender!

Hab es gleich!

Warum?

Auch mit diesem Spiel beschäftigt ihr euch wieder gemeinsam und lernt einander besser kennen.

Was brauchst du dafür?

Ja, genau – wieder ganz viele Leckerlis und eine Leine.

Und los geht's

1 Nimm euren Welpen an die Leine. Sie darf gerne etwas kürzer sein.

2 Toll wäre, wenn euer Vierbeiner an deiner Seite Sitz! macht. Alternativ darf er sich auch gerne hinlegen. Wie du möchtest.

3 Mit einer Hand hältst du die Leine fest und mit der anderen nimmst du dir eine Handvoll Leckerlis.

6 Nun kommt es auf dich an: Verhält sich euer Welpe ruhig, sprich, er bleibt wirklich sitzen oder liegen, darfst du den Karabinerhaken losmachen.

7 Mit einem anschließenden *Such das Leckerli!* schickst du den Welpen los. Hat er alle gefunden?

Wenn's nicht gleich klappt

Solltest du das Gefühl haben, dass du eigentlich 3 Hände bräuchtest, da es schwierig ist, den Welpen festzuhalten und gleichzeitig die Leckerlis zu nehmen, lässt du dir dabei am besten von einer weiteren Person helfen.

Tipp für deine Eltern

Ich weiß, manche Hundebesitzer reißen bei einer solchen Übung die Arme über den Kopf: „Oh nein, dann lernt mein Hund ja, dass er etwas vom Boden nehmen darf!" Ja, zum Teil stimmt das. Unser Ritualtier Hund aber kann genauso lernen: „Ich darf erst nach Aufforderung auf dem Boden nach leckeren Dingen suchen."

Ganz nebenbei lernt Ihr Welpe wieder, dass es sich lohnt a) aufmerksam zu sein und b) geduldig abzuwarten, bevor er losstürmen darf (= Impulskontrolle). Noch mehr Selbstkontrolle und Aufmerksamkeit erlernt Ihr Welpe, wenn Ihre Kinder es schaffen, den Karabinerhaken des Welpen loszumachen, aber darauf bestehen, dass Ihr Welpe trotzdem noch kurz sitzen oder liegen bleibt. Eine Sekunde reicht. Und dann darf er erst losflitzen. Hier kann es hilfreich sein, als Erwachsener zu unterstützen, indem Sie Ihre Hand vor die Brust des Welpen halten. Damit bauen Sie eine Barriere zum „Streufutter" auf und können ihn davon abhalten loszustürmen, bevor es ihm durch Ihre Kinder gestattet wurde.

---

4 Nach dem Signal *Warte!* und dem festen Griff an der Leine, wirfst du die Futterbrocken in deiner geschlossenen Hand so weit wie möglich von dir weg.

5 Halt: Der Welpe darf nun noch lange nicht los. Die meisten Welpen stehen automatisch auf, um sehen zu können, wo die Futterbrocken denn so hingeflogen sind. Ist das bei euch gerade so? Dann gib zu allererst wieder das *Sitz!*- bzw. *Leg-dich-hin!*-Signal, um die Startsituation wieder herzustellen.

Eckstein, Schreckstein ...

... alles muss versteckt sein! Garantiert – mit diesem Spiel kommt keine Langeweile auf.

Warum?

Mit diesem Spiel erweiterst du eure Nasenspiele. Denn ab sofort muss euer Welpe dich finden! Dieses Nasenspiel dient dazu, dass euer Welpe noch aufmerksamer wird und lernt, dass es sich lohnt aufzupassen, wo du hingehst. Es stärkt also eure Bindung – und macht gleichzeitig super viel Spaß.

Was brauchst du dafür?

Für dieses Spiel solltet ihr wenigstens zu zweit sein. Ihr braucht Leckerlis oder das Lieblingsspielzeug eures Welpen und eine Leine.

Und los geht's

1 Einer nimmt sich das Spielzeug des Welpen oder ein paar Futterbrocken in die geschlossene Hand.

2 Der andere hält den angeleinten Welpen fest, während dieser an der Leckerli-/Spielzeug-Hand schnüffeln darf.

3 Anschließend rennt derjenige los, der die Leckerlis oder das Spielzeug in der Hand hat, und saust um die Ecke hinter den Gartenschuppen.

4 Puh – jetzt braucht es sicherlich ganz schön Kraft, den kleinen Wirbelwind festzuhalten. Nicht, dass er schon zu früh entwischt.

5 Ist die Luft rein? Sobald der Läufer außer Sicht ist, darf die Leine losgemacht und der Welpe zum Suchen losgeschickt werden: „Paulchen, such Alina!".

6 Mit Tempo flitzt das Such-Team los. (Nur vorsagen ist nicht erlaubt ☺!)

7 Da zeigt sich, dass der Welpe eine super Nase hat. Es dauert sicherlich nicht lange, bis die Leckerli-Hand gefunden ist. Die Belohnung hat er sich verdient!

8 Und was machen wir jetzt? Ganz genau – jetzt wird getauscht!

Lass deine Freunde mitmachen

Diese Übung eignet sich auch hervorragend als Spiel, wenn deine Freunde zu Besuch sind. Einer hält den Welpen an der Leine und die anderen verstecken sich, aber nur ein Kind hat die Leckerlis oder das Spielzeug in der Hand. Das Spannende ist: Sind es mehrere Kinder, die sich verstecken, muss der Welpe auch noch rausfinden, welches Kind nun die Leckerlis/das Spielzeug hat. Sobald er es gefunden hat, erhält er Spiel, Spaß und Futter als Belohnung.

Wenn's nicht gleich klappt

Euer Welpe ist ratlos und weiß nicht, was er tun soll? Kein Problem. Lass deinen Welpen beim nächsten Mal schon los, während der Läufer noch dabei ist wegzulaufen. So weiß er noch, wo er sich befindet. Ist euer Welpe schüchtern, dürft ihr auch eine kleine Hundekeks-Spur ins Gras fallen lassen – ähnlich wie bei Hänsel und Gretel.

Tipp für deine Eltern
Dieses Spiel dient dem Bindungsaufbau, da der Welpe erkennt, dass es von Vorteil ist, den Menschen nicht aus den Augen zu lassen. Sonst sind diese ganz schnell weg! Spielen Sie das Spiel gern nicht nur im eigenen Garten, sondern auch draußen im Park oder Wald.

Über Stock und Stein

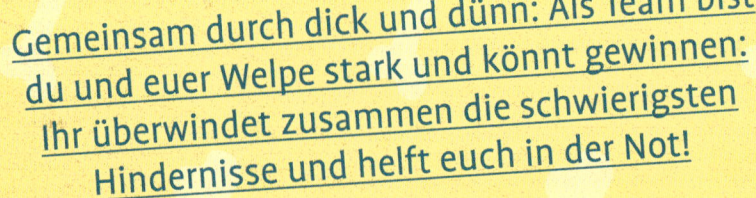

Nass? Überhaupt nicht!

Gemeinsam durch dick und dünn: Als Team bist du und euer Welpe stark und könnt gewinnen: Ihr überwindet zusammen die schwierigsten Hindernisse und helft euch in der Not!

Warum?

Dieses Spiel bedeutet Abenteuer – voll cool! Gemeinsam mit eurem Welpen kletterst du über umgefallene Bäume, erkundest kleine Höhlen in Steinen und watest durch kleine Bäche. Wie ein echtes Entdecker-Team passt ihr aufeinander auf, macht euch gegenseitig Mut, wenn es mal etwas schwieriger werden sollte und bringt tolle Schätze mit nach Hause.

Was brauchst du dafür?

Im Grunde nichts, außer Wald, Wiese, Bach, ... und natürlich Leckerlis.

Und los geht's

1 Bist du mit dem Welpen zusammen auf eurer gemeinsamen Gassirunde, laufe ruhig mal mit ihm querfeldein. Am besten nimmst du ihn dafür an die Leine und halte Futterbrocken in Tasche und Hand bereit.

5 Immer, wenn euer Welpe zögert, lockst du ihn mit gutem Zureden und Futterbrocken.

6 Hat alles geklappt und ihr habt die Ziellinie erreicht? Yeah, großer Freudentanz!

Lass deine Freunde mitmachen

Klar, dass ein Expeditions-Team nicht nur aus zweien bestehen muss. Du darfst gern einen oder mehrere Freunde mitnehmen. Aber pass auf, dass du euren kleinen Welpen nicht irgendwo vergisst, weil die Felsspalte vor dir so spannend ist ☺!

Wenn's nicht gleich klappt

Es kann sein, dass sich euer Welpe zunächst nicht durch den kleinen Bach traut oder über den Baumstamm. Hab Geduld und versuche es in ein paar Tagen noch einmal. Dann ist er etwas älter und hat bestimmt mehr Mut gefasst. Ein Team ist schließlich ein Team und hält zusammen!

2 Los geht's über einen Hügel, über umgestürzte Bäume und abgebrochene Zweige, um Bäume herum, durch einen Laubhaufen oder an einem Bach entlang. Deiner Phantasie ist hier keine Grenze gesetzt.

3 Bist du noch etwas jünger, lässt du dir am besten bei etwas waghalsigeren Klettertouren helfen – nicht dass es noch Verletzte gibt.

4 Auch in eurem Garten kannst du für euch einen Kraxel-Parcours bauen. Wenn es deine Eltern erlauben, lauft ihr Slalom um eure Regentonnen, steigt über ein Paar hingelegte Besenstile (darf gern etwas Sport für die Beine sein), balanciert über eine auf den Boden gelegte Leiter, traut euch zusammen über eine raschelnde Gartenplane, ... Es gibt so viele Möglichkeiten! Der schiere Wahnsinn.

> **Tipp für deine Eltern**
> Für die Ausbildung neuer Vernetzungsstrukturen im Gehirn und die Motorik ist es sowohl für Kinder als auch für junge Hunde ungemein wichtig, dass sie sich bewegen, verschiedene Untergründe kennenlernen, klettern und sich hinaus in die Welt wagen.
> Erinnern Sie Ihre Kinder auch gern an Zwischenziele. Ihr Welpe wird nicht unbedingt alles am selben Tag 100%ig überwinden. Aber vielleicht am zweiten oder dritten Tag.

Dagegen?!

Sie hatten einen Vorzeigewelpen, der alles konnte und jeden beeindruckte.
Und heute Morgen erkennen Sie ihn nicht wieder? Meinen herzlichen Glückwunsch: Sie sind im Besitz eines pubertierenden Junghundes!

Das facettenreiche Leben der Pubertierenden ...

Je nach Größe und Rasse Ihres flauschigen Vierbeiners kann Ihr Welpe ab dem 5. Lebensmonat über
Nacht zum Untier mutieren. Er befindet sich im
mitunter schwierigsten **Wachstumsprozess**, der
Pubertät. In dieser Zeit verändert sich einfach alles
an ihm: Körper und Geist befinden sich in einer
Achterbahn. Alles wächst und verändert sich zur
gleichen Zeit. Weil Ihr Hund innerlich so viel mit
sich selbst zu tun hat, ist er deutlich weniger
zugänglich für Außenreize – natürlich nur jene, die
ihn einengen könnten. Pubertierende Junghunde
scheinen alles vergessen zu haben – ihren Namen,
sämtliche Hausregeln und alle Signale, die Sie ihm
beigebracht haben. Gleichzeit herrscht das Gefühl

vor, man wüsste schon alles von der Welt und käme ab sofort allein klar. Wer sich für eine große Hunderasse entschieden hat, hat ab sofort auch noch mit einem deutlich höheren Körpergewicht seines Hundes zu tun als in dessen Welpenalter. Gut, wer sich von Beginn an durch Training und klare Regeln vorbereitet hat.

... Zwei- und Vierbeiner

Das kommt Ihnen bekannt vor? Richtig, pubertierende Jugendliche verhalten sich oftmals ähnlich. Pubertierende loten Grenzen aus und stellen die Welt, so wie sie sie kennengelernt haben, infrage. Ein guter Ansatz wie ich finde. Denn die Welt haben sie ja zuvor durch die Augen der älteren Bezugspersonen kennengelernt. Es ist wichtig, sich ein eigenes Bild von der Welt zu machen. Gleichzeitig ist Sinn und Zweck der Pubertät, durch die biochemischen Prozesse Körper und Geist auf das Erwachsenwerden vorzubereiten. Hierzu gehören die Geschlechtsreife, das Aushärten von z. B. Bändern und Sehnen sowie die Fähigkeit, Verantwortung tragen und Entscheidungen treffen zu können. Während dieser Zeit erfährt das Gehirn des Pubertierenden eine komplette Umstruktu-

rierung. Aus diesem Grund kann sowohl der pubertierende Junghund als auch der pubertierende Teenager an manchen Tagen schwer oder gar nicht auf Erlerntes zurückgreifen. Er nimmt die ganze Welt aus einer neuen Perspektive wahr. Kein Wunder, dass sich Pubertierende überfordert fühlen und „nicht Fisch – nicht Fahrrad" sind.

Durchhalten!

Es gibt immer zwei Seiten einer Geschichte. Nicht nur für das Pubertätswunder ist diese Phase anstrengend, sondern natürlich auch für alle weiteren Personen, die im selben Haushalt leben. Geben Sie nicht auf. Versuchen Sie weiterhin der Fels in der Brandung zu sein, der in sich Ruhende, der den Überblick behält. Das beruhigende ist: Biochemische Prozesse sind langwierig, enden aber!

Vermeiden Sie in dieser Phase das Training von schwierigen neuen Übungen und konzentrieren Sie sich am besten darauf, Erlerntes zu festigen. Verlangen Sie nur das, was Ihrem pubertierenden Junghund auch möglich ist. Der ein oder andere Junghund durchlebt eine etwas heftigere Pubertätszeit, die Mensch und Hund durchaus auf die Probe stellen können. Insbesondere, wenn Sie sich für einen großen Hund entschieden haben und ab sofort mit ungestümen Kilos kämpfen müssen, ist es absolut erlaubt, auch einmal auf dem Sofa zusammenzusinken. Überlegen Sie, was ist schiefgelaufen? Was könnte ich an meinem Ablauf ändern, damit es die nächsten Male wieder besser läuft? Neben einer guten körperlichen Auslastung, die Ihrem Junghund die Möglichkeit des Sich-Aus-

Grenzen setzen und Entspannung geben

Grenzen zu akzeptieren bedeutet: Ihr Hund akzeptiert, dass Sie einen bestimmten Platz für sich beanspruchen. Sie dürfen umgekehrt auch Ihren Hund auf ein bestimmtes Gebiet begrenzen. Sie begrenzen zudem den Zugang zu Ressourcen. Ist Ihr Hund richtig aufgeregt – in der Pubertät also nahezu immer – kann er Sie und Ihre Signale nicht mehr wahrnehmen. Es ist also wichtig, ihm eine innere Ruhe beizubringen, die ihn befäigt, Ihnen wieder zuzuhören. Leider greifen viele Hundebesitzer in solchen Situationen zu harten Sanktionen. Das Dilemma ist die „Katze, die sich in den Schwanz beißt": der Hund ist aufgeregt, er hat also Stress. Er erfährt eine harte Sanktion des Hundebesitzers, damit er „runterkommt". Infolge hat er noch mehr Stress ... Zu Führen bedeutet auch, sich auf sein Gegenüber einlassen zu können. Beobachten Sie Ihren Hund und lernen Sie rechtzeitig einzugreifen, wenn sich seine Erregung auf einem noch managebaren Level befindet.

Entspannung lässt sich antrainieren

Entspannung können Sie glücklicherweise auf unterschiedlichen Wegen antrainieren. Belohnen Sie Ihren Hund immer dann wenn er sich ruhig verhält. Schläft er etwa neben Ihnen während des Strandurlaubs, dann können Sie ihn langsam streicheln oder massieren. Denken Sie sich gern ein **Stimm-Signal** aus (*Ruhig!, Easy!*) oder auch nur einen **Laut** („Shh"). Sie können auch einen **Geruch** mit Entspannung verknüpfen, indem Sie ein Handtuch, ein Halstuch oder Ähnliches mit einem angenehm riechenden (verdünnten!) ätherischen Öl,

powerns erlaubt, können Ihnen folgende Übungen helfen. Brechen Sie Ihren Trainingsplan herunter auf das Wesentliche, was Ihrem Junghund nun fehlt: Grenzen akzeptieren und innere Ruhe bzw. Entspannung. Beide Eckpunkte sind wichtig, damit Ihr Hund Ihnen gegenüber aufmerksam ist und Sie als Führungspersönlichkeit er- und anerkennt. Ein pubertierender Junghund benötigt ruhige Konsequenz Ihrerseits, eine stabile Größe, auf die er sich letztlich verlassen kann. Auch, wenn er dies aktuell natürlich abstreiten würde.

z. B. Melisse, beträufeln. Diesen Geruch riecht Ihr Hund dann ab sofort immer, wenn er sich gerade entspannt. Später können Sie dieses Halstuch als **taktiles Signal** nutzen und ihm anlegen, wenn er sich in einer aufregenden Situation befindet. Wichtig ist eine regelmäßige Auffrischung solcher Signale, damit sie beim Hund abrufbar bleiben.

Sehr gern nutze ich als **taktiles Stopp-Signal** meine Hand. Hierzu lege ich meinem Hund die flache Hand vor die Brust. Für meinen Hund wird dies zum Signal *Woah!* – aktiv runter fahren und beruhigen, sich meinem Menschen zuwenden. Dies benötigt natürlich intensives Üben. Beginnen Sie in einer ruhigen ablenkungsarmen Umgebung. Ihr angeleinter Hund kann dabei sitzen oder stehen. Sie sind mit gutem Futterbrocken griffbereit „bewaffnet". Warten Sie einen kurzen Augenblick. Ihr Hund wird sicherlich bald etwas Spannendes für sich gefunden haben. Alternativ lassen Sie ihn durch eine zweite Person leicht ablenken. Nun geben Sie Ihrem Hund das Signal *Woah!* (alternativ *Easy!, Ruhig!,* ...) und nehmen Ihre flache Hand an seine Brust. Es ist durchaus möglich, dass Sie Ihre Hand etwas gegen seine Brust stemmen müssen, weil Ihr Jungspund vorpreschen will. Mit der zweiten Hand belohnen Sie ihn sofort mit den wirklich guten Futterbrocken aus Ihrer Tasche. Dies üben Sie ein paar Mal, bis Ihr Hund eine Idee bekommt, was Ihre Hand an seiner Brust bedeuten könnte. Nun geben Sie im zweiten Schritt Ihr Signal, legen Ihre flache Hand an seine Brust und warten ab, ob er sich schon automatisch zu Ihnen umdreht. Voilà! Er hat seine Belohnung verdient.

Bei dieser Übung wird einmal mehr deutlich, wie wichtig es ist, Lernsituationen für unsere Hunde zu schaffen, die so konzipiert sind, dass sie selbst auf die Lösung kommen: Ist Ihre gewählte Ablenkung zu schwer, wird Ihr Hund nicht auf die gewünschte Lösung kommen. Wir müssen oftmals den eigenen Ehrgeiz herunterschlucken und akzeptieren, dass wir unsere Schritte noch kleiner herunterbrechen sollten. Der Lohn dafür ist eine glückliche und harmonische Beziehung mit unserem Hund, der uns überall hin folgen wird.

Übrigens: Bereits die Übung Decke! Box! Körbchen! dient der Entspannung!

Grenzen aktiv setzen

Grenzen setzen können Sie, indem Sie sich z. B. auf den Boden setzen und Ihrem Hund nicht erlauben, näherzukommen. Diese Übungen können Sie selbstverständlich bereits mit Ihrem Welpen üben. Sie scheitert aber allzu oft, dass wir selbst unseren Welpen „ja sooo niedlich" finden. Grenzen zu setzen funktioniert allerdings nur, wenn wir klar und sachlich handeln. Nicht, wenn unser Herz gerade dahin schmilzt. Alternativ können Sie bestimmen, dass jetzt gerade die Küche tabu ist oder das Arbeitszimmer. Achten Sie auf eine **klare Körpersprache** und eine **ruhige, sachlich bestimmte Stimme**. Achten Sie auf das kleinste Anzeichen Ihres Hundes, die Grenze überschreiten zu wollen. Nutzen Sie Ihr **Tabu!-Signal**, um schon den Ansatz zu stoppen. Alternativ reicht auch ein Knurren, was in der Regel leicht über die Lippen geht. Übertritt Ihr Hund die von Ihnen gezogene Grenze, gehen Sie auf ihn zu und schicken Sie ihn mit einem „Raus da!" aus Ihrem Bereich raus. Manchmal muss man den Hund dabei etwas schieben bzw. sanft am Halsband herausführen. Erkennen Sie, dass Ihr Hund die Idee hatte, die Grenze zu übertreten, sich aber dagegen entschieden hat – Herzlichen Glückwunsch: belohnen Sie! Aber nur in der Ihrem Hund erlaubten Zone, keinesfalls in der „Tabuzone". Nutzen Sie dieses Tabuzonen-Training auch während Ihrer Spaziergänge. Zu Ihrer eigenen Orientierung können Sie sich Ihre Umgebung ab sofort in den Fußgänger-Ampelfarben Rot und Grün vorstellen: Alle Bereiche, in denen sich

Ihr Junghund nicht aufhalten darf sind ROT, alle Bereiche, in denen er sich aufhalten darf sind GRÜN.

Genauso gut können Sie auch Ihrem Hund einen bestimmten Bereich zuweisen. Diese Übung habe ich beispielsweise bei Decke! Box! Körbchen! beschrieben (siehe Seite 84).

Grenzen können Sie ebenfalls setzen, indem Sie den Zugang zu stofflichen und nichtstofflichen Ressourcen begrenzen. Stoffliche Ressourcen bedeuten Futter und Spielzeug, also beispielsweise

der Lieblingsball Ihres Junghundes. Nichtstoffliche Ressourcen bedeuten Freigang und das Öffnen bzw. Durchlaufen von Türen und Pforten. Die Haustür zum Beispiel hat oft einen magischen Wert für einen Hund. Wow, was kann sich dahinter draußen nicht alles Spannendes verbergen! Gehen Sie also mit Ihrem Hund zur Tür. Warten Sie bis er sich beruhigt. Mein Griff zur Türklinke stellt jetzt die Belohnung dar – mein Hund wünscht sich ja nichts sehnlicher als hinausgelassen zu werden. Springt mein ungestümer Geist auf – ziehe ich meine Hand wieder zurück. Begleitet wird dies mit einem *Warte!* Sobald er sich beruhigt hat, geht meine Hand wieder zu Klinke. Bleibt er ruhig, öffne ich die Tür. Springt mein Hund auf, kommt es auf meine eigene Reaktionszeit an, ob ich die Tür besser wieder schließe oder aber den Durchgang mit meinem Körper blockieren kann. Wieder geben Sie das Signal *Warte!*, wenn möglich begleitet durch Ihr Stopp-Signal, der ausgestreckten, nach vorn gerichteten Handfläche. Wartet mein Flummi dagegen ruhig ab und nimmt Kontakt zu mir auf, kann ich ihn mit einer Körperbewegung dazu einladen, mir durch die Tür zu folgen.

Die Ressource Ball oder Ähnliches können Sie begrenzen, indem Sie diesen neben sich, aber etwas entfernt von Ihrem Hund auf den Boden legen. Den Abstand zu Ihrem Hund benötigen Sie für die eigene Reaktionszeit ☺. Signalisieren Sie Ihrem sich nähernden Hund deutlich, dass er sich von der Ressource fernzuhalten hat – mittels Signal *Tabu!* und Abdecken des Balls durch Ihre Hand. Lässt Ihr Hund daraufhin vom Ball ab, belohnen Sie ihn mit ein paar Futterbrocken. Erkennen Sie, dass Ihr Hund beginnt zu begreifen, worum es geht, dürfen Sie sich schrittweise ein wenig weiter entfernen. Ist Ihr Hund artig, belohnen Sie ihn gelegentlich. Wenn nicht, reagieren Sie schnell. Im Grundsatz aber malen Sie sich stets Ihren artigen Hund aus. Nicht den Hund, der versucht, den Ball zu schnappen. Wenn Sie darauf lauern, ob Ihr Hund sich richtig verhält, dann wirken Sie in seinen Augen angespannt und nicht souverän. Als letzten Schritt versuchen Sie sich anderen Dingen zuzuwenden. Behalten Sie dabei aber stets Ihre Ressource im Kopf und Ihren Spring-ins-Feld im Augenwinkel.

①

Paulchen wird anstrengend

Also das mit dem Zahnwechsel hatten wir ja schon. Und auch bereits hinter uns. Aber jetzt geht das Ganze nicht nur von vorne los, sondern ist noch viel schlimmer. Unser Paulchen wird echt anstrengend! Letzte Woche hat es angefangen: Da rennt er doch tatsächlich mit einem meiner Hausschuhe davon. Das ist ja an sich noch nicht das Problem – er wollte ihn bloß nicht mehr hergeben. Selbst der Versuch, ihn gegen seinen Lieblingsknochen einzutauschen, hat nicht funktioniert. Und um es zu toppen: Stattdessen hat der Knirps sogar angefangen, mich anzuknurren! Praktischerweise flatterte genau in dem Moment vor dem Fenster eine Taube hoch. Dadurch war Paulchen abgelenkt und ich konnte mir meinen Hausschuh schnappen. Ich weiß gar nicht, was ich sonst getan hätte. So ganz wohl war mir nicht, als mich der nicht mehr ganz so kleine Knirps plötzlich anknurrte …

Zwei Tage später geht er mir plötzlich durch und rennt einfach zu seinem Kumpel Fritz, der entfernt am Horizont auszumachen war. Auf Paulchen konnte ich mich bisher immer verlassen – und jetzt das! Schnüffelt vorn im Gras, guckt mich noch an, denkt sich vermutlich „Lass die Olle nur rufen!" und ist auf und davon. Toll, und sein Herrchen freut sich auch noch, als unser Paulchen bei ihm ankommt und macht seinen Fritz von der Leine ab, damit die beiden ordentlich spielen können. Gut, er konnte ja nicht wissen, dass ich diese Belohnung gerade so gar nicht gebrauchen konnte. Zu Hause schnappe ich mir erst einmal

②

mein Hundebuch und lese nach. Da steht es in dicken Lettern: PUBERTÄT. Na wunderbar – hätte er damit nicht noch einen Moment warten können? Der Alltag lief bei uns gerade so rund …

Jetzt ist Paulchen also wieder an der langen Schleppleine und darf ganz viele Dinge nicht mehr. Wir üben auch häufig seinen Namen, denn den scheint er irgendwo auf einem der Spaziergänge verbummelt zu haben, und ich trainiere mit ihm geduldig das Warten als Impulskontrolle. Manchmal bin ich schon am Rande des Verzweifelns. Manchmal Paulchen. Manchmal meine Familie. Ich kann sagen, wir haben mal bessere Tage und mal schlechtere. Mal ist er brillant und ich habe meinen kleinen Knirps wieder, der mir 100%ige Aufmerksamkeit schenkt und nur gefallen will. Zucker! Und dann wieder ist da dieser andere Hund – unkonzentriert, ignoriert die Hundekekse, versucht auf die Küchentheke zu kommen, zerrt an der Leine. Er weiß offensichtlich einfach nicht wohin mit sich.

Ich muss auch stärker eingreifen, wenn Paulchen und die Kinder interagieren. Hier gibt es zwischendurch hin und wieder Reibereien. Der kleine Kerl ist halt größer und schwerer geworden. Die Kids können ihn nicht mehr einfach zur Seiten schieben, wenn sie keinen Bock mehr auf ihn haben. Zum Glück sind alle drei nicht lange voneinander genervt und kuscheln bald wieder gemeinsam glücklich auf dem Boden.

Paulchen ist trotzdem ein lieber Kerl

Und dann liegen wir gestern nach einem sehr anstrengenden Tag im Bett und mein Mann seufzt plötzlich tief. Erschrocken mache ich das Licht an und frage: „Geht es dir nicht gut?!" Er antwortet nur trocken: „Oh Mann, und die Kinder kommen auch noch in die Pubertät!" … Tja, dann können wir jetzt ja schon mal ein bisschen üben ☺.

Schwangerschaft & Neugeborenes

Die wenigsten Familien erwarten Nachwuchs und schaffen sich gleichzeitig einen Welpen an. Das wäre auch ganz schön sportlich. Oftmals gibt es aber Schwangere in der Verwandtschaft, im Freundeskreis, ...

Detektiv-Nase Hund

Das Nasentier Hund bemerkt sofort den anderen Geruch, den Schwangere, bedingt durch den veränderten Hormonspiegel im Körper mitbringen. Alles, was neu und anders ist, finden Hunde in der Regel sehr interessant. Insofern wird sich Ihr Hund durchaus mit großer Freude Ihrer schwangeren Freundin nähern. Er will ALLES an ihr abchecken. Das wiederum führt zu einem eher aufdringlichen Verhalten, was schon „normalen" Besuchern unangenehm ist, einer Schwangeren aber erst recht. Hier sollten wir Spielregeln verabreden, was für die Schwangere okay ist und was nicht. Die meisten Schwangeren möchten nicht angesprungen werden, ganz klar aus Sorge um das Ungeborene – davon abgesehen, dass Hochspringen generell ziemlich unhöflich ist, egal bei wem. Hier gilt es, den Hund rechtzeitig anzuleinen, wenn er in Besuchssituationen noch nicht ganz sicher ist. Für manche Schwangere ist auch das Thema Hygiene unbewusst wichtiger geworden. Ein Hund, der permanent an ihren Händen schleckt oder sie feucht anhechelt, ist sicherlich unangenehm für sie.

Fällt es Ihrem Hund schwer, Ihre Freundin in Ruhe zu lassen und selbst zur Ruhe zu kommen, kann es hilfreich sein, wenn Sie für Besuche Ihrer schwangeren Freundin einen ganz besonderen Knochen oder auch ein ganz besonderes Spielzeug parat haben, dass Ihr Hund nur erhält, wenn Sie entsprechenden Besuch bekommen.

Oh, wie spannend!

Ähnliches gilt für Besuch mit Neugeborenen. Neugeborene machen zusätzlich sehr interessante Geräusche und auch wenn wir da nicht so drüber nachdenken wollen – die Windeln sind extrem interessant für Hunde. Hinzu kommt, dass wir dem Neugeborenen sehr viel Aufmerksamkeit schenken. Es muss sich hier also um etwas MEGA-Spannendes handeln, das es zu erkunden gilt. Abhängig vom Wunsch der Eltern des Neugeborenen, darf Ihr Hund natürlich am Kinderwagen oder auch den Füßen schnüffeln. Einfach, damit er versteht, dass der kleine Wurm ab sofort mit dazugehört. Er stellt keine Bedrohung dar, er ist einfach dabei und fertig.

Ab in die

Es heißt ja immer, der Hund stamme vom Wolf ab. Aber stimmt das so? Ist der Hund jetzt ein Wolf im Schafspelz, den wir in unser Zuhause und zu unseren Kindern gelassen haben, oder nicht?

Das können wir von Wölfen und Wildhunden lernen!

Wildnis

Der Wolf im Hundepelz?

Die meisten Studien über wölfisches Verhalten beruhen auf Beobachtungen von Wölfen in der Gefangenschaft. Nicht von freilebenden Wolfsrudeln. Verhalten sich diese Gruppen unterschiedlich? Absolut. Betrifft dies unser Verständnis von hündischem Verhalten? Auf jeden Fall.

Hunde sind einfach keine Wölfe

Kennen Sie die Begriffe Alphahund, Rudelführer und Dominanzgebaren? Sie implizieren, dass unsere Hunde Wölfe im Hundepelz sind – allzeit bereit, zu übernehmen, jeden zu dominieren. Nicht nur, dass diese Einstellung unserer Beziehung zu unseren Hunden schadet – sie beruht auf fehlerhaften Interpretationen von wölfischem Verhalten und Zusammenleben. Sie ist also schlichtweg falsch.

Richtig ist: Hunde sind Hunde und keine Wölfe, auch wenn der Wolf der Ur-Ur-Ahn unserer Vierbeiner ist. Haushunde haben sich vor Tausenden von Jahren mit und beim Menschen entwickelt. Dabei haben sie Teile ihres ur-wölfischen Verhaltens übernommen, anderes an ihr Leben mit dem Menschen angepasst.

In der Vergangenheit kam es zu vielen Diskussionen darüber, wie viel Wolf eigentlich noch in unseren Hunden steckt. Welche Verhaltensweisen sind konform und wer von den beiden ist intelligenter? Nach vielen Diskussionen, Versuchen und neuen

Feldforschungen erkannte man, dass vermeintlich wölfische Verhaltensweisen, die wir auf unsere Haushunde übertrugen, aus der Forschung von Wölfen in der Gefangenschaft beruhten. Das Verhalten und die Struktur von Wölfen in der Gefangenschaft heben sich erheblich von der Struktur und dem Verhalten freilebender Wölfe ab. Wölfe sind nicht natürlich dominant. Und ein Wolf versucht auch nicht, jederzeit das Rudel zu übernehmen. Keiner der beiden ist übrigens intelligenter als der andere. Sie sind schlichtweg an ganz unterschiedliche Lebensumstände angepasst. Wölfe mussten ihre Verhaltensstrategie auf eigenständige Problemlösungen hin ausrichten. So können Wölfe etwa allein durch Beobachtung des Menschen lernen, durch Drehen eines Türknaufs in die Freiheit zu gelangen, ohne try and error. Der Allrounder Hund hat sich zu einem DER Kommunikationsspezialisten in der Tierwelt entwickelt. Durch seine Nähe zum Menschen und seine Bereitschaft,

Wie wurde aus dem Wolf der beste Freund des Menschen?

Neue Untersuchungen zeigen, dass der Mensch vermutlich bereits viel früher als gedacht auf den Hund gekommen ist bzw. andersherum. Bereits in Zeiten der Jäger und Sammler sollen die Ur-Hunde von den Jagd-Kadavern profitiert und bei der Jagd auf Beute geholfen haben. Außerdem hielten sie Wache und unterstützten bei der Verteidigung vor anderen Raubtieren. Die Linien von Wölfen und Ur-Hunden haben sich demnach vor gut 16 000 bis 11 000 Jahren bereits getrennt. Mit der Sesshaftwerdung des Menschen ging auch die weitere Domestizierung und Zucht der Ur-Hunde vonstatten. Diese Domestizierung nahm mit hoher Wahrscheinlichkeit ihren Anfang im europäischen Raum. So ganz geklärt ist dieses Kapitel aber nach wie vor nicht.

sich dem Menschen gegenüber zu öffnen, mit ihm zu kooperieren, sicherte er das Überleben seiner Art. Hunde können sich in uns Menschen extrem gut hineinversetzen – womit seine fast telepathische Fähigkeit erklärt wäre.

In freier Natur besteht ein Wolfsrudel in der Regel aus einem Elternpaar und seinen Jungen der letzten zwei bis drei Jahre. Ähnlich unserer menschlichen Familie, verlassen die erwachsenen „Kinder" bald darauf das „Elternhaus", um eigene Familien zu gründen. Ein Wolfsrudel aus mehreren erwachsenen Individuen ähnlichen Alters wird es in der freien Natur eher selten, wenn überhaupt, geben. Genau diese Konstellation aber finden wir ver-

mehrt in Wolfrudeln, die in Gefangenschaft leben. Und aus Beobachtungen derart lebender Wölfe haben früher Hundetrainer und Verhaltensbiologen ihre Dominanztheorien gezogen. Diese Theorien sind damit so unnatürlich wie die Lebenssituation dieser Wölfe.

Der Biologe David Mech äußerte einmal, dass das Gleichsetzen der Erkenntnisse über das Verhalten von nichtverwandten in Gefangenschaft lebenden Wölfen mit der familiären Struktur eines natürlichen Rudels zu erheblicher Verwirrung führt. Ähnlich irreführend wäre es, analog zu versuchen, Rückschlüsse auf die menschliche Familiendynamik zu ziehen, indem man Menschen in Flücht-

lingslagern studiere. Das Konzept des sogenannten Alpha-Wolfs als „Top Dog" einer Gruppe von Landsleuten ähnlichen Alters sei besonders irreführend.

Die Sozialstruktur

Die Idee, dass ein erwachsener Hund stetig danach trachtet, die Kontrolle über das Rudel und damit der Familie zu erlangen, ist nicht korrekt. All seine Interaktionen würden im Umkehrschluss darauf basieren, einen höheren Status im Rudel zu erlangen bzw. der Alpha-Wolf zu werden. Diese Dominanztheorien geraten in Konflikt mit dem Spaß,

den unsere Hunde und wir gemeinsam haben: Sie beschädigen nur die Beziehung zwischen unseren Hunden und uns. Wer kann schon entspannt mit seinem Hund den Alltag genießen, wenn er davon ausgehen muss, dass dieser nur nach der kleinsten Schwäche unsererseits sucht, um sofort zuzuschlagen? Dies ist kein Garant für eine auf Vertrauen basierende Beziehung.

Gibt es den „dominanten Hund" dann überhaupt nicht? Doch, natürlich existiert eine soziale Hierarchie unter Hunden, die in einer Gruppe zusammenleben. Das Spannende dabei ist, dass diese

soziale Dominanz aber nicht konstant, sondern situationsabhängig ist. Sie ist also keine typische Eigenschaft und hat erst recht nichts mit Aggression zu tun.

Aber diese ist nicht relevant für Ihre Beziehung zu Ihrem Hund. Soziale Dominanz besteht nicht zwischen zwei Arten. Wir sind keine Hunde – und dies weiß unser Hund auch. Wir stellen normalerweise keine Konkurrenz dar und darum kommen Hunde mit uns Menschen sehr gut zurecht. Warum sollte Ihr Hund Sie auch dominieren wollen? Was würde er anderes oder mehr bekommen, das er nicht jetzt schon hat? Sie füttern ihn, geben ihm ein Dach über den Kopf, Sie kümmern sich um seine Bedürfnisse. Sie schenken ihm Spielzeug, gehen mit ihm spazieren und streicheln ihn. Was sollte Ihrem Hund fehlen – Ihre Autoschlüssel und die Brieftasche? Eher nicht.

Aber jeder sagt Ihnen, dass Sie einen dominanten Hund haben? Wahrscheinlich ist Ihr Vierbeiner eher von aufdringlicher Natur – und Sie haben diese Aufdringlichkeit unbewusst zusätzlich belohnt und damit verstärkt. Hunde sind Opportunisten. Opportunisten lernen ziemlich schnell, wie sie das erhalten, was sie wollen (siehe Seite 70). Diese Charaktereigenschaft können Sie wunderbar für sich nutzen – ohne konfliktreiche und dominante Trainingsmethoden einzusetzen.

Die Hausregeln in einem Rudel

Natürlich haben Rudel- und Familienstrukturen Regeln, wie sich alle Mitglieder zu verhalten haben. Diese Regeln gelten für jeden – artübergreifend. Hunde lernen dies bereits im frühen Alter von ihren Wurfgeschwistern, ihrer Mutter sowie weiteren erwachsenen Hunden aus dem Rudel. Die erste und sehr wichtige **Regel des Rudels** lautet: Wenn eine Regel gebrochen wird, hat dies Konsequenzen. Diese Regel ist Gold wert, weil Sie Ihrem Hund dadurch beibringen können, was richtig und was falsch ist. Die Kehrseite der Medaille ist, dass Ihr Hund von Ihnen erwartet, dass Sie wissen, was aus seiner Hundesicht richtig und was falsch ist. Diese Regel bringt also auch Missverständnisse mit sich.

Trainer-Tipp
Indem Sie die sozialen Verhaltensregeln Ihres Hundes verstehen und wertschätzen lernen, verstehen Sie auch besser, warum und wie Ihr Hund mit Ihnen und Ihrer Familie interagiert.

Ein Hund geht davon aus, dass die Regeln für jeden im „Rudel" gelten, egal, ob Kind oder Hundesenior. Bricht jemand die Regeln, reagiert er entsprechend, beispielsweise mit Knurren oder auch Blockieren. Genau dieses Verhalten wird vom Menschen unter anderem als dominantes Verhalten angesehen. Zur Veranschaulichung dient folgendes Beispiel: Eine verbreitet schwierige Regel ist der Besitz von Ressourcen. Sprich: „Alles, was sich innerhalb oder in der Nähe meines Mauls befindet, gehört mir". Greift ein Kind nun also in den Futternapf des Hundes, bricht das Kind aus Sicht des Hundes obige Regel. Manche Hunde nehmen das hin, andere hingegen reagieren mit einem leisen Knurren bis hin zum Zähne fletschen. Manch einer beißt auch ohne große Vorwarnung zu.

Der Mensch spricht sofort von dominantem Verhalten, während der Hund sich im Recht sieht. Er hat auf die Einhaltung der Regel bestanden, die der „Eindringling" gebrochen hat. Die Reaktion des Hundes ist eine direkte Konsequenz auf den Regelbruch. Dies bedeutet nicht, dass Sie Ihrem Vierbeiner niemals Fressen oder andere Beute aus dem Fang nehmen bzw. während des Fressens in seinen Futternapf greifen können. Natürlich können Sie das, indem Sie es mit Ihrem Hund trainieren. Knurren am Napf ist aber natürlich im Familienalltag nicht in Ordnung, das sollte Ihr Hund lernen (siehe Seite 112). Und für die Zweibeiner sollte gelten: Der Hund darf in Ruhe fressen.

Wichtig ist mir die Erkenntnis, die dahinter steht: Wir Menschen sollten uns genauso an die Regeln halten, so wie wir dies von unserem Hund verlangen.

Was hast du gleich gesagt?

Damit sich Hunde in ihrer Umwelt lautlos mitteilen können, benutzen sie zwei verschiedene Arten der Kommunikation: Mimik und Gestik. Insbesondere letztere eignet sich zur Verständigung über größere Distanzen. Sie ist bereits von Weitem erkennbar. Mimische Signale nutzen Hunde dagegen für die Verständigung über kurze Distanzen, etwa die Ausrichtung ihrer Ohren.

Gestik

Hunde variieren ihre **Körpergröße**. Ist ein Hund selbstsicher und möchte Präsenz ausdrücken, dann macht er sich so groß wie möglich. Oftmals reckt er sich dafür, bläst seinen Rumpf auf und verlagert sein Körpergewicht nach vorn. Ist er eher unsicher und will nicht auffallen, dann macht er sich dagegen klein, legt das Fell an und geht in die Hocke.

Setter

Hunde verändern auch die Art und Weise, ihren **Kopf** zu **halten**. Der Kopf kann gesenkt sein oder aber oben getragen werden. Ein Signal ist auch die Richtung, in die ein Hund blickt. Dreht er seinen Kopf seitlich weg, zeigt er, dass er nicht aggressiv ist, vielleicht sogar unsicher. Richtet er das Gesicht dagegen frontal auf einen anderen Hund zu, macht er deutlich, dass er keine Angst vor seinem Gegenüber hat.

Auch die **Rutenstellung** eines Hundes ist wichtig zu beobachten. Ein Hund kann freundliches Wedeln zeigen, von einer Seite zur anderen schwingend. Genauso wie er ein langsames steifes Wedeln kurz vor einem Angriff zeigen kann. Das Wedeln an sich sagt also noch nichts über die Freundlichkeit eines Hundes aus. In Rage kann er die Rute auch steil nach oben stellen. Senkt ein Hund seine Rute oder klemmt sie sich gar zwischen die Hinterläufe, ist das ein Zeichen für Ängstlichkeit oder Unsicherheit.

Mimik

Mimik setzen Hunde ein, um Gefühle wie Hunger, Angst oder Zuneigung auszudrücken. In erster Linie besteht die hündische Mimik aus feinen Bewegungen des **Gesichtes**. Fellstruktur und -zeichnung verstärken diese. Mit der wichtigste Part bei der mimischen Ausdrucksweise ist der Blick: Ein drohender Hund starrt geradeaus und hat seine Pupillen verengt. Zeigt er dagegen einen weichen Blick, sind seine Pupillen weit. Das Hundegesicht ist entspannt.

Chihuahua

Hunde benutzen außerdem ihre Augenbrauen, Mundwinkel und Zähne, um zu kommunizieren. Ist ein Hund unsicher oder unterwürfig, werden die Mundwinkel nach hinten gezogen. Die Kombination aus Unsicherheit und Drohung führt dazu, dass die Mundwinkel nach hinten gezogen und die Zähne gezeigt werden. Werden die Mundwinkel aber nach vorn und die Lefze etwas nach oben gezogen, sodass die Eckzähne sichtbar werden, ist dies ein Zeichen für Sicherheit.

Zusätzlich sind die **Ohren** in hohem Maße an der Mimik der Hunde beteiligt. Sind sie nach hinten gerichtet, bedeutet das: „Ich unterwerfe mich". Hoch aufgerichtet dagegen verdeutlichen sie Souveränität.

Missverständnisse Hund-Hund

Gestik und Mimik dienen Hunden vor allem dazu, Konflikten aus dem Weg zu gehen. Entsprechende

Dominanz-, Droh-, oder Unterwürfigkeitssignale sorgen dafür, dass Artgenossen möglichst schnell ihre Positionen abstecken können. Viele Auseinandersetzungen können friedlich geklärt werden.

Es kommt aber auch immer wieder zu Missverständnissen. Bei **Hängeohren** sind die Zeichen der Ohren z. B. nicht so deutlich zu erkennen – hier müssen Hunde und Menschen genauer hinsehen. Manche Hunde haben so **viel Fell** an sich, dass weder sie durch ihr Fell hindurchsehen können noch andere ihre Mimik erkennen. Hunde mit **kupierten Ohren und/oder Ruten** sind gleich zwei Möglichkeiten der Kommunikation versagt. Dadurch senden diese Hunde wenige oder sogar falsche Signale an ihre Artgenossen, was zu Verständigungsproblemen führen kann.

Beagle

Missverständnisse Hund-Mensch

Aber auch der Mensch sendet Hunden vielfach irreführende Signale. Ruft er beispielsweise seinen Hund zu sich und droht bei Nichtbefolgen durch seine **Körperhaltung** und seine **Mimik**, ist sein Hund verwirrt. Als Folge bleibt er auf Abstand. Und sein Mensch wird noch wütender. Dabei wollen beide eigentlich dasselbe. Starrt man einen Hund unnötig an, kann ihn dies aggressiv machen, weil dieser sich dadurch angegriffen fühlt. Auch sollten wir uns nicht unnötig über einen Hund beugen, da er dies als provokante Geste interpretieren könnte. Nähern Sie sich Hunden besser seitlich. Dadurch nehmen Sie ihnen eventuellen Stress. Ein Hund mit wenig Menschenkontakt kann oftmals nichts mit einem breiten menschlichen Lachen anfangen. Aus seiner Sicht könnte auch dies als Provokation gedeutet werden. Einem solchen Hund „die Zähne zu zeigen" oder die Hand von oben herab nach ihm auszustrecken, kann für ihn beides als Angriff verstanden werden. Insbesondere ein fremder adulter Hund könnte sich daraufhin genötigt sehen, sich dagegen zu wehren.

Bobtail

1

Unterschiedliche Ansichten über die Wichtigkeit von Dingen

Man gewöhnt sich an alles: So sagt man jedenfalls. Aber ob ich mich jemals daran gewöhnen kann, dass Paulchen es total toll findet, sich in Katzensch... oder ähnlich Stinkendem zu wälzen, steht echt in den Sternen.

Eines steht fest, Menschen und Hunde haben oftmals ein ganz unterschiedliches Empfinden über die Dinge im Leben.

Spontan fallen mir beispielsweise diese Situationen im Haus ein ...:

Das gemeinsame Kuscheln auf dem Sofa – das finde nicht nur ich super, Paulchen genießt es ebenfalls sichtlich. Aus Hundesicht auch verständlich, denn das Kontaktliegen fördert den Zusammenhalt im Rudel und der eine oder andere Hund kann sich erst hier so richtig fallen lassen. Aber zugegeben, André findet das nicht so prickelnd – Haare im Gesicht und ständig auf den Klamotten und die Vorstellung von auf seinem Körper krabbelnden Zecken werden für ihn zu einer realistischen Herausforderung. Darum habe ich einfach eine Decke über die Couch gelegt, die regelmäßig in die Waschmaschine kommt. Damit können alle leben.

Aber bei Paulchens wildem Geschlecke an Po und Genitalien rutscht selbst mir schon ab und an ein „Oh ne, muss das während des Abendbrots sein?!"

raus. Und Paulchen schaut dann verwundert auf und fragt sich offensichtlich, was los ist. Ist doch ein prima Moment, wenn alle(s) so entspannt ist, sich endlich der Körperhygiene zu widmen. Oder last but not least die Besuchssituation mit Hundegebell. Während ich mich einerseits über den Gast freue, aber andererseits von Paulchens Gebelle echt genervt bin, „denkt" sich wahrscheinlich unser Vierbeiner: „Meine Güte, jemand kommt nach Hause. Mein Mensch ist ganz aufgeregt. Ist es ein Freund oder der Feind?" Daran müssen wir wohl noch arbeiten ☺.

... Oder diese Situationen außerhalb des Hauses:

Draußen auf der Straße plötzlich, ohne, dass ich einen Grund dafür erkennen kann, wildes Gebell am Ende meiner Leine. „Mensch Paulchen, das ist blöd. Lass das!" Währenddessen will mir unser Hund vermutlich damit sagen: „Mensch, jetzt las mich schon los, ich fühle mich ganz gefangen, so an kurzer Leine!" Oder wenn Paulchen an der Leine einfach schneller laufen will als ich (ja, manchmal kommt das leider vor), frage ich mich bei seinem Gezerre schon, was die Eile soll. So wundert er sich sicherlich in dem Moment: „Mensch, was soll das? Wir gehen doch eh in dieselbe Richtung! Mach mich einfach von der Leine los." Aber da muss er durch – und wir üben konsequent weiter ☺.

Neulich hat Paulchen draußen doch mal etwas total Ekliges gefressen. Mir ging dabei ein „Pfui Teufel!" durch den Kopf. Er hingegen war sichtlich zufrieden (aus seiner Sicht fast verständlich – warum auch Fressen verkommen lassen?). Und dann zu Hause seinen heißen Atem in meinem Gesicht á la „Riech mal was ich gefunden habe, ich mag Dich!" Naja, dann hoffe ich mal, dass er sich jetzt nicht auch noch übergeben muss und das Etwas auf unserem Teppich landet ...

Zum Rundum-Wohlfühl-Paket eines Welpen gehört neben dem Kuscheln, klar, auch das Füttern, die Pflege und die Gesundheit. In diesem Kapitel erfahren Sie hierzu Grundlegendes und Praktisches.

glücklich!

Büffel oder Salat?

Was gehört alles in den Nahrungsplan eines Welpen und jungen Hundes?
Wie viel Futter braucht ein Welpe? Im folgenden Kapitel erfahren Sie, wie
Sie am besten füttern können.

Keine Angst vorm Füttern

Am besten füttern Sie Ihren Welpen viel **aus der Hand**. Sie messen sich morgens die Tagesmenge ab und verteilen diese in kleinen Behältern im Haus und in Ihren Taschen. Ihr kleiner Hund hat so viel zu lernen – auf diese Weise haben Sie die Möglichkeit, ihn sofort zu belohnen, wenn er Sie ansieht, Sitz! macht oder auch die Katze in Ruhe lässt. Er ist immer motiviert zu lernen und sich von Ihnen belohnen zu lassen. Bald wird er Ihnen jeden Wunsch von den Augen ablesen, weil Sie auch großzügige Jackpots springen lassen.

Die **klassische Variante** ist eine 3- bis 4-malige Fütterung am Tag im Napf (2-malige Fütterung beim Junghund). Füttern Sie ungefähr in regelmäßigen Abständen. Es geht hierbei darum, dass Ihr Welpe nicht unterzuckert, weniger darum, dass Sie zu festen Uhrzeiten füttern. Feste Uhrzeiten entspringen der Vorstellung des Menschen. In der Natur bekommt der Wildhund eher selten zu exakten Uhrzeiten seine Beute. Als Ritualtier aber fordern Hunde sehr schnell feste Uhrzeiten ein, wenn man sie einmal damit bekannt

gemacht hat. Das kann recht lästig werden. Als Belohnung nutzen Sie extra Leckerlis und eventuell zusätzlich Brocken aus dem Welpenfutter, so Sie einen verfressenen Welpen haben. Die Menge und Kalorienzahl der Zusatz-Leckerlis müssen von der Tagesration des Welpenfutters abgezogen werden, damit Ihr Welpe nicht mehr Kalorien zu sich nimmt als vorgesehen. Die Folge wäre unter anderem ein zu schnelles Wachstum. Sehnen, Bänder und Gelenke sind dann für die Zukunft nicht stabil genug ausgereift und die Gesundheit gefährdet. Auch hier gilt: kein Dogmatismus. Haben Sie einmal nicht so viel Zeit zum Trainieren, dann füttern Sie Ihren Welpen vermehrt im Napf. Haben Sie dagegen mehr Zeit, füttern Sie Ihren kleinen Knirps den Tag über fast ausschließlich über die Hand.

Es gibt **zwei Fütterungsrituale**, die sich zu beachten lohnen. Um keinen Futtermäkler zu erziehen, gilt die einfache Regel: Wer den Napf verlassen hat, hat keinen Hunger mehr. Hat Ihr Welpe die Möglichkeit, sich auf sein Futter zu konzentrieren, sollte er es innerhalb von 5 Minuten aufgefressen haben. Steht er davor oder geht gar weg und wartet darauf, dass Sie das Ganze noch mit einer „Sahnehaube" versehen, läuft etwas verkehrt. Nehmen

---

Die Super-Belohnung
Mit einem Jackpot belohnen? Hat Ihr kleiner Wirbelwind etwas ganz besonders toll gemacht, bekommt er eine ganze Handvoll an Köstlichkeiten. So überraschen Sie ihn und belohnen ihn nachhaltig.

Gut verdaut?

Das Verdauungssystem eines Welpen ist noch nicht fertig ausgereift. Gewöhnen Sie Ihren Welpen schrittweise an Pansen, Knochen und andere neue Leckereien, damit sich die Darmbakterien mitentwickeln können. Aus diesem Grund erhalten Sie auch von den meisten Züchtern bei Abgabe des Welpen eine kleine Packung mit seinem Futter. Es ändert sich nun so viel im Leben des Welpen, da ist es hilfreich, wenn er wenigstens ein paar Tage lang noch sein ihm bekanntes Futter bekommt. Dies gilt natürlich nicht bei Welpen, die aus einer schlechten Haltung stammen. Hier wechseln Sie bitte sofort auf hochwertiges Futter, da dies dann Priorität hat.

Sie ihm den Napf kommentarlos weg. Er bekommt ihn erst bei der nächsten Fütterung wieder (nicht gefressenes Feuchtfutter gehört in den Müll!). Angenehm ist es zudem, wenn der Welpe lernt, auf Ihr Startzeichen zum Füttern zu warten. Ihr Welpe sollte also nicht schon „im Flug" versuchen, an die Futterschüssel zu gelangen, sondern artig warten, bis Sie erstens die Schüssel abgestellt haben und ihm zweitens, z. B. mittels Auflösesignal *Okay!*, erlauben, mit dem Fressen zu beginnen.

Wie viel Futter braucht Ihr Welpe?

Die optimale Futtermenge für Ihren Welpen hängt von unterschiedlichen Faktoren ab: Wachstum, Aktivität, Zellerneuerung, Immunabwehr, Wärmeregulation, Hunderasse. Bezogen auf sein Körpergewicht benötigt er deutlich mehr Futter als ein erwachsener Hund. Ein junger Hund verbrennt ungemein viel Energie für Wachstum, die Verarbeitung von Sinneseindrücken und Spiel (200 kcal/kg anstelle von 120 kcal/kg adult).

Als Faustzahl sollten Sie Ihrem Welpen etwa 4–10 % seines eigenen Körpergewichts füttern. Die doch große Spannbreite lässt sich folgendermaßen erklären: Ein Welpe einer kleineren Rasse benötigt mehr Energie, nämlich 6–10 % seines Körpergewichts, während ein Welpe einer größeren Rasse weniger Energie in Relation zu seinem Gewicht braucht. Wir sprechen darum von 4–6 % seines Körpergewichts. Trauen Sie sich, in Ihren Augen zu hohe Fütterungsgaben auf Futtersäcken zu hinterfragen. Wenn Sie Ihren Welpen bei einem verantwortungsvollen Züchter gekauft haben, erhalten Sie einen individuellen Fütterungsplan von diesem. Auch Ihr Junghund benötigt noch 4–6 % seines Körpergewichts an Futter. Seine Hauptwachstumsphase ist zwar beendet, aber sein Knochengerüst ist insgesamt noch nicht vollständig ausgereift.

Trockenfutter, Frischfleisch oder … ?

Kaum ein Thema wird in der Hundewelt so kontrovers diskutiert wie das der Ernährung unserer Vierbeiner. Gerade die Ernährung von Welpen stellt eine hohe Anforderung an das Futter. Kaufen Sie kein Billigfutter und entlarven Sie Testlügen.

In der Regel gibt es bei der Fütterung zwei Lager: die Barfer und die Trockenfutter-Befürworter. Diejenigen, die mit Dosenfutter von sehr guter Qualität füttern, befinden sich irgendwo dazwischen.

Worum geht es bei der ganzen Diskussion und wer führt welche Argumente bzw. Gegenargumente an?

Barfen

Das Konzept des Barfens, also die Fütterung von rohem Fleisch (oder Innereien etc.), Obst und Gemüse, nimmt die natürliche Ernährung des Wolfes als Grundlage. In jeder Mahlzeit sollen sich verschiedene Bestandteile des „Beutetieres" vereinen. Bei Allergie-Hunden und Hunden mit Nieren- oder Leberproblemen stellt eine Frischfleischfütterung oftmals der erste Schritt in Richtung Genesung dar, um den Hund „auf Null" zu setzen.

Trockenfutter

Bei der Hundeernährung stellt das Trockenfutter nach wie vor die üblichste Form dar. Meist handelt es sich um ein Alleinfuttermittel. In einem speziellen Verfahren werden die Futterzutaten gepresst und getrocknet. Trockenfutter gibt es in unzählig verschiedenen Zusammensetzungen und in allen Preisklassen. Achten Sie auf gute Qualität!

Barfen Vorteile

- [ ] Eindeutig klar, wie das Futter zusammengesetzt ist
- [ ] Kaum Nährstoffverluste durch die Zubereitung
- [ ] Bessere Zähne und Zahnfleisch
- [ ] Fell tendenziell glänzender und dichter in seiner Struktur
- [ ] Kotmenge oftmals gering

Barfen Nachteile

- [ ] Zeitaufwendig
- [ ] Platzbedarf in der Kühltruhe
- [ ] Gefahr der Unterversorgung an wichtigen Vitaminen, Mineralstoffen, …
- [ ] Eine Übertragung von krankmachenden Erregern ist möglich – auf Hygiene in der Küche achten!
- [ ] Im Urlaub u.U. schwierig weiterzuführen

Trockenfutter Vorteile

- [ ] Im Vergleich zu Dosenfutter wenig Verpackungsmüll
- [ ] Eine ausgewogene Ernährung ist i.d.R. gewährleistet
- [ ] Kaum Lagerplatz notwendig
- [ ] Keine Futtervorbereitung (Arbeitszeit) vonnöten
- [ ] Hygiene gesichert

Trockenfutter Nachteile

- [ ] Geringer Wassergehalt
- [ ] Futterzusammensetzung je nach Futterqualität nicht 100%ig transparent
- [ ] Kotmenge oftmals größer sowie häufigerer Kotabsatz im Vergleich zum Barfen
- [ ] Bei schlechter Lagerung Milbenbefall des Futters möglich

Pragmatismus ist gefragt

Für welche Fütterungsmethode Sie sich auch immer entscheiden, mein Rat: Lassen Sie einen gewissen Pragmatismus walten. Die Entscheidung für die eine und gegen die andere Fütterungsmethode darf auch aufgrund folgender Überlegungen fallen: Wie viel Zeit habe ich für die Futterzubereitung? Wie viel Lagerplatz habe ich (Kühlschrank/-truhe, Keller)? Wo frisst mein Hund? Nehme ich meinen Hund mit ins Büro? Füttert tagsüber jemand anderes meinen Hund (Aupair-Mädchen, Nachbarn, Eltern oder Schwiegereltern)? Wie sieht es im Urlaub aus? Wie will ich meinen Welpen zwischendurch belohnen – ausschließlich mit Naturprodukten wie getrockneten Hühnermägen oder auch mit herkömmlichen Leckerlis?

Ich füttere meine Hunde weitestgehend mit Frischfleisch. Ich erhalte jede Woche eine Lieferung meines Schlachters. Den frischen, grob (wegen der Zähne) gewolften Fleischmix friere ich dann in einer kleinen Truhe nur für Hundefleisch ein. Nach meinen Erfahrungen können wir dem Thema Unterernährung die Stirn bieten, indem wir uns an eine einfache Regel halten: 70 % Fleischanteil und 30 % Gemüse- und Obstanteil. Dazu können wir Kräutermischungen und Spurenelemente geben, diverse Algen- sowie Muschelpulver. Dazu gibt es außerdem unterschiedliche Öle, mit denen wir arbeiten können.

Der Meinung, Hundefutter dürfte grundsätzlich überhaupt keine Getreideanteile enthalten, kann ich mich nicht anschließen. Der Hundedarm hat sich durchaus auch an Getreide gewöhnt. Solange bei Ihrem Hund keine Allergie diagnostiziert wurde, dürfen Sie Ihrem gesunden Welpen selbstverständlich auch einmal einen Kanten Brot zum Kauen geben oder gekochte Nudeln (bitte ohne Salz). Lassen Sie sich nicht durch die vielen Untersuchungen für oder gegen Getreide verunsichern.

Ich mag es grundsätzlich nicht, wenn man Dinge dogmatisch verfolgt. Dann fehlen mir Flexibilität und Selbstreflexion. Mir kann niemand sagen, dass ein Wolf jeden Tag das Optimum an Nahrung erhält. Ich mache für meine Hunde und mich keine Wissenschaft daraus, sondern versuche mit wachem Verstand und Augen im Kopf mein Rudel zu begleiten. Mal gebe ich also eine Kräutermischung mit auf das Fleisch, mal vergesse ich sie. Ich persönlich mixe das Gemüse und Obst nicht, auch wenn Hunde diese dann leichter verdauen können, ja. Ich werfe ihnen einfach im Garten einen Apfel oder eine Mohrrübe zu, den/die sie fangen und fressen können. Und ich gebe meinem Rudel auch immer mal wieder etwas Trockenfutter zu fressen. Meine Hunde benötigen die Darmbakterien für Trockenfutter, damit ich für den Urlaub nicht auch noch Frischfleisch „einpacken" muss. Im Wohnwagen für fünf Hunde Frischfleisch mitzunehmen ist für mich persönlich ein „no-go" für entspannte Ferien. Und Dosen machen mir zu viel Müll. Ansonsten halte auch ich das Füttern mit frischem Fleisch und Knochen für natürlicher, zumal wenn ich zusehe, wie sich meine Hunde glücklich darüber hermachen. Aber jeder soll selbst entscheiden, wie er hier verfahren will.

Was hilft mir dies aber für meinen Hund? Ich muss zwischen zwei wichtigen Dingen unterscheiden können: **Proteine** bringen schnelle Energie und **Fett** langsame sowie dichte Energie. Ich muss also bei der Wahl meines Frischfleisches und meines Trocken- oder Dosenfutters darauf achten, dass es das beinhaltet, was mein Hund benötigt. Ein Arbeitshund, der beispielsweise Lasten zieht, zumal in der Kälte, benötigt einen hohen Fettgehalt, während etwa ein Windhund, der in relativer Wärme schnell auf der Rennbahn läuft, einen hohen Proteingehalt benötigt, um prompt seine Sprintenergie abrufen zu können. Unsere großen Hunderassen, erklärte mir bereits meine Großmutter, sollten lieber „großhungern". Den Begriff fand ich schon immer scheußlich, der Sinn dahinter aber ist gut. Wächst der junge Hund einer Großrasse (z. B. Dogge, Berner Sennenhund, ...) zu schnell durch zu proteinreiches Futter, dann steigt die Gefahr von Verletzungen und Krankheiten. Das Bild eines Wassertriebes etwa an einem Apfelbaum verdeutlicht das Geschehen eigentlich immer sehr gut – lang, fleischig, aber null Stabilität.

Für Sonderfälle, wie Allergien, gibt es auch im Hundebereich eine Vielzahl unterschiedlicher Spezialfuttersorten für Niere, Leber, Rind- oder auch Lammallergien. Hier lohnt es sich, im akuten Fall einen Termin bei einem Tierarzt oder Ernährungsberater wahrzunehmen.

Fit wie ein Turnschuh?!

Damit sich Ihr Hund wohlfühlt in seiner Haut, ist es wichtig, ihm zu zeigen, dass es okay ist, sich überall anfassen zu lassen. Nur dann können wir ihm eine Klette entfernen oder Dreck aus den Ohren puhlen, ...

Rundum-Pflege

Zur Wohlfühl-Pflege des Welpen gehört nicht nur das richtige Futter, das zur Verfügungstellen von Wasser und Spaziergänge. Zum Pflege-Rundum-Paket gehört auch, Fell, Zähne, Augen, Ohren und Krallen zu kontrollieren. Hier obliegt Besitzern von langhaarigen Hunden sowie Hunden, die Zeit ihres Lebens regelmäßig zum Friseur gehen müssen, eine besondere Verantwortung. Grundsätzlich sollte aber jeder Welpe und Junghund lernen, dass

es eine Freude ist, wenn Menschen an ihm zupfen, das Fell bürsten und eine Körperkontrolle durchführen. Das macht das Handling beim Tierarzt/in Tierkliniken und Besuche beim Hundefriseur deutlich stressfreier.

In erster Linie geht es also darum, seinem Hund zukünftig z. B. Kletten aus seinem Fell entwirren zu können, Zecken zu entfernen, eventuelle Stock- oder Kauknochenreste zwischen den Zähnen herauszupuhlen. Augen- und Ohrentropfen müssen ebenfalls die meisten Hunde wenigstens einmal im Leben über sich ergehen lassen.

Übung macht den Meister

Die alltägliche Pflege wie Bürsten oder auch die Suche nach fiesen Zecken sollte für unsere Vierbeiner selbstverständlich sein. Tierarztsituationen sind ebenfalls für alle Beteiligten deutlich stressfreier, wenn ein Hund gelernt hat, dass es okay ist, wenn ein Mensch an ihm „herumzupft". Egal, ob Sie Ihren Hund abtrocknen, Augen und Krallen kontrollieren oder ihn durchstriegeln wollen – Ihr Hund soll es möglichst entspannt über sich ergehen lassen.

Damit es klappt, habe ich ein paar Tipps für Sie:

> Bringen Sie Ihrem Hund die Körperpflege in einer ruhigen, entspannten Atmosphäre bei – nicht gerade direkt morgens nach dem Aufstehen oder während des Spaziergangs. Und auch nicht, während die Nachbarskinder oder ein Hundekumpel zu Besuch sind.

> Kuscheln Sie einfach nach einem langen Spaziergang, wenn er sich wohlfühlt, mit Ihrem Schützling auf dem Boden und schauen Sie sich dabei ganz nebenbei seine Pfoten, Augen und Ohren an. Fassen Sie ihn am ganzen Körper an.

> Je mehr Drama Sie machen, desto künstlicher wirkt alles auf Ihren Hund. Die Folge ist, die Situation ist ihm unangenehm und er versucht zu fliehen. Er will weg, er schnappt nach der Bürste, er gebärdet sich wie eine Wildsau!

> Manch junger Hund ist überwältigt ob der tollen Zuneigung – und damit etwas verlegen. Auch dieser kann hin und wieder nach dem Handtuch oder der Bürste fassen wollen. Diesem jungen Wildfang geben Sie am besten ein Spielzeug oder einen Kauknochen ins Maul, nachdem Sie ihm Handtuch oder Bürste gezeigt haben. Er wird schnell lernen, dass er seine Verlegenheit daran „abarbeiten" kann und währenddessen Ihre Pflege wohlig über sich ergehen lässt.

> **Soziale Fellpflege**
> Hunde lieben es, sich gegenseitig zu lausen. Diese gegenseitige Pflege und der Körperkontakt zeigen emotionale Nähe und Vertrautheit. Aus diesem Grund dürfen Sie auch gern einmal Ihren kurzhaarigen Hund, der es eigentlich nicht nötig hat, nach dem Spaziergang mit einem Handtuch abrubbeln und/oder mit einer weichen Bürste übers Fell fahren.

Für Ihren Welpen ist es hilfreich, wenn er schon jetzt erfährt, dass auch „fremde" Menschen ihn auf diese Weise anfassen und nach ihm sehen dürfen. Denken Sie darum daran, die Übungen von

Nachbarn oder auch Freunden machen zu lassen. Denn falls Ihr Hund beispielsweise einmal eine OP benötigen sollte, wird er dort vom für ihn fremden Klinikpersonal betreut. Beginnen Sie gern damit, dass Sie Ihrem Welpen von vorn ein paar Leckerlis geben, während ein „fremder" Mensch ihn zu streicheln beginnt. Achten Sie auf die Körperhaltung Ihres Kleinen. Ist der Rücken hochgezogen oder die Vorderbeine steif nach vorn gestreckt? Dann ist er verunsichert. Lassen Sie die „fremde" Person sich seitlich zum Hund positionieren und etwas mehr Abstand einnehmen. Sanftes streicheln an der Seite und nicht oben am Kopf, sollte Ihren Kleinen ebenfalls entspannen. Belohnen Sie

Ihren Welpen ganz doll. Üben Sie am nächsten Tag weiter. Es lohnt sich – spätestens beim nächsten Tierarztbesuch.

Wurmkuren und Impfpläne

Nur ein entwurmter Hund ist ein gesunder Hund und kann genügend Schutzmechanismen gegen die Widrigkeiten des Lebens entwickeln. Dies gilt besonders für Welpen. Anzeichen für Verwurmung können sein ein aufgeblähter (angeblich niedlicher) Welpenbauch, gereizte Augenschleimhäute, Aggressivität und auch starke Müdigkeit. Wie oft entwurmt werden sollte, ist stark von der Lebenssituation des Welpen abhängig – als Faustzahl

kann man sich bis zu viermal im Jahr merken. Wer nicht auf Verdacht Entwurmen will, der kann seinem Tierarzt auch eine Kotprobe des Welpen mitbringen. Sind Würmer zu finden, entwurmt man, wenn nicht, dann nicht.

Das Thema Impfung wird bei Hunden ähnlich stark diskutiert wie bei Kindern. Und: Wie bei Ihren Kindern ist es wichtig, dass Sie sich hier bei Ihrem Hund ein eigenes Bild machen. Informieren Sie sich und seien Sie kritisch – Ihrem Welpen zuliebe!

Die ständige Impfkommission empfiehlt folgendes Impfschema für Welpen ohne besondere Gefährdung:

> **Unerwünschte Hausbewohner**
> Zecken und Flöhe gehören in meinen Augen eher zu den unnötigen Lebewesen auf der Welt. Der klassische Weg ist ein Prophylaxemitttel vom Tierarzt. Neben Floh- und Zeckenhalsbändern gibt es auf dem Markt auch pharmazeutische Tropfen oder naturmedizinische Öle. Omas Hausrezept lautet unter anderem, den Hund mit einem mit Apfelessig getränkten feuchten Lappen abzurubbeln. Eines steht fest: So oder so kommen wir an einer routinemäßigen Kontrolle beim Hund nicht vorbei.

Grundimmunisierung

☐	Ab 8 Wochen	SHPPi+L oder L4
☐	Ab 12 Wochen	SHPpi+LT oder L4+T
☐	Ab 16 Wochen	SHPPi+LT oder L4+T
☐	Ab 15 Monaten	SHPPi+LT oder L4+T

Nachimpfungen

☐	Alle 3 Jahre	SHPT
☐	Jährlich	Pi, Lepto oder L4
☐	Alle 3 Jahre	SHPPi-LT oder L4+T

Erklärung:
H = Hepatitis | L = Leptospirose (2-fach) | L4 = Leptospirose (4-fach) | P = Parvovirose | Pi = Parainfluenzia | S = Staupe | T = Tollwut

1

Paulchens erster Tierarztbesuch

Stolz wie Oskar und voller Tatendrang fahren die Kinder und ich das erste Mal mit Paulchen in die Tierklinik. Wir haben mit ihm fleißig geübt und wollen zeigen, was wir können. Gleich am Eingang werden wir aber schon ausgebremst: Paulchen geht in die Eisen und sträubt sich, durch die Automatiktür zu gehen. Toll, dass die Kinder schon so schnell reagieren: Meine älteste Tochter stellt sich sofort in die Tür, damit diese nicht wieder zugeht, und die jüngere hockt sich hin und lockt Paulchen mit einem Leckerli. „Na, das geht ja schon prima!", freut sich eine junge Frau, die die Klinik gerade mit ihrem Pudel verlassen will. „Weiter so!" Die Kinder strahlen vor Begeisterung. Und Paulchen marschiert nun neugierig ins Innere. Wir werden gebeten, uns ins Wartezimmer zu setzen. „Nein, nicht dieses, das andere bitte! Bei uns sind Hunde und Katzen getrennt." Super Idee!

Im Wartezimmer ist es recht voll, aber wir finden noch drei Stühle, die nebeneinanderstehen. Paulchen ist stark beeindruckt und drückt sich an meine Beine. Ich lenke ihn mit ein paar Futterbrocken ein wenig ab. „Das habe ich früher auch mal gemacht.", spricht mich daraufhin ein Herr an. „Das bringt gar nichts. Streicheln Sie Ihren Hund lieber so, wie ich das mache." Ich schaue mir den Herrn an, wie er grob und hektisch seinen stark hechelnden Golden Retriever streichelt, nicke nur neutral und denke mir so meinen Teil. Da ist es schon passiert – Paulchen hat einen See gemacht ... Mist. Ich drücke seine Leine meiner Ältesten in die Hand und gehe zum Empfang. „Das ist doch überhaupt kein Problem.

Wir kommen gleich mit einem Tuch!" Wunderbar – die sind wirklich sehr nett hier. Nachdem wir das Malheur entfernt haben, gibt mir die Arzthelferin noch den Tipp, Paulchen jetzt am besten auf den Schoß zu nehmen. Dankbar nehme ich den Hinweis an. Paulchen ebenfalls: Der rollt sich zufrieden ein und beobachtet aus sicherer Entfernung das Geschehen.

So eine Zeit in einem Warteraum beim Tierarzt ist fast schon eine Sozialstudie: Ein buntes Potpourri an unterschiedlichen Menschen und Hunden, unterschiedlichen Meinungen und gut gemeinten Ratschlägen. Ich merke, dass viele Menschen selbst ungemein gestresst sind und sich das ganz deutlich auf ihre Hunde überträgt. So sind zwei Hundebesitzer kurz davor, einen Streit vom Zaun zu brechen, welcher ihrer beiden Vierbeiner nun die bessere Figur hätte (sie waren beide eindeutig zu dick). Meine Kinder und ich tauschen heimliche Blicke aus. Zwischendurch muss ich einen penetrant aufdringlichen Hund abwehren, der meine Kinder und Paulchen belästigen will. Dafür ernte ich zwar verständnislose Blicke der Besitzerin, aber ich finde es überhaupt nicht toll, wenn ein fremder Hund die Hände meiner Jüngsten abschlecken will. Egal, ob wir ebenfalls Hundebesitzer sind. Und ich will genauso wenig, dass im Wartezimmer ein Hund Kontakt zu unserem Paulchen hat! Denn weiß der Himmel, warum dieser Vierbeiner zum Tierarzt musste ... Endlich im Behandlungsraum benimmt sich unser Paulchen vorbildlich. Super, das Training hat sich schon bezahlt gemacht.

Wieder daheim ist Paulchen sichtlich erledigt und schläft selig ein.

Die Super-Helfer

Kinder können in der Regel hervorragend den kleinen Welpen mit versorgen.
Sei es bei der Fütterung oder auch bei der weiterführenden Pflege.
Es stärkt die Bindung und das Verantwortungsbewusstsein.

Natürliche Herangehensweise

Kinder haben oftmals eine natürliche Herangehensweise, die einem Welpen sehr gut helfen kann, eine Situation zu meistern. Während wir Erwachsenen nämlich Tausende Bedenken äußern, ist sich ein Kind sicher: „Wir machen das jetzt einfach und selbstverständlich schaffen wir es auch". Diese positive Grundeinstellung ist Gold wert! Nichtsdestotrotz sollten wir unsere Kinder bei der Fütterung und Pflege des Welpen und Junghundes begleiten. Denn so wie unser Welpe noch viel lernen muss und noch nicht den gesamten Horizont überblicken kann, sind Kinder eben auch Kinder.

So können unsere Kinder helfen

Müssen Sie Ihrem Welpen beispielsweise Ohrentropfen geben, ist es toll, wenn Ihr Kind den Welpen vorn mit einem Hundekeks **ablenkt**. Eine wichtige und verantwortungsvolle Aufgabe. Und Sie können sich ganz auf das Ohr und die Tropfen konzentrieren. Dasselbe gilt für das Ablenken, während Sie die Krallen schneiden wollen (Fragen Sie Ihren Tierarzt, ob und wie oft bei Ihrem Hund Krallen zu schneiden sind.). Beides, das Krallenschneiden und die Gabe von Tropfen in Ohr oder

Auge, ist an sich eher noch nichts für Kinder. Es sei denn, sie sind wirklich schon sehr verantwortungsbewusst und gut im Handling.

Das **Bürsten** können Ihre Kinder genauso wunderbar übernehmen wie Sie. Passen Sie dafür einen ruhigen Moment ab – beim Kind wie beim Welpen. Dieses Mal übernehmen Sie das Ablenken mittels Lecker, falls nötig. Kletten darf Ihr Kind mit einer Bastelschere entfernen. Hier ist die Spitze stumpf und damit ungefährlich.

Beim **Füttern** wieder kann Ihr älteres Kind sehr gut helfen. Achten Sie darauf, dass die Regeln eingehalten werden: Der Welpe muss erst ruhig sein, bevor die Schüssel nach unten wandert. Und: Der Hund darf in Ruhe fressen.

Und nach der Gassirunde im Regen muss der Welpe natürlich mit dem Handtuch **abgetrocknet** werden. Klaro, wer mit ihm draußen war, sollte auch diese Aufgabe erledigen. Hier ist es hilfreich, den Kindern wieder über die Schulter zu schauen. Eventuell lohnt es sich, um Stress zu vermeiden, wenn Sie das mit dem Ablenken übernehmen, damit die Kinder ihn besser abrubbeln können.

Omas Hausmittelchen

Ob bei vier- oder zweibeinigen Stöpken: Bei harmlosen Unpässlichkeiten lohnt es sich, Omas Hausmittelchen zu nutzen. Ist der Vierbeiner aber richtig krank oder Sie sind sich unsicher – keine Scheu: ab zum Tierarzt!

Ab zum Tierarzt?!

Hunde ändern oftmals ihre Verhaltensweisen, wenn es ihnen gesundheitlich nicht gut geht. Ein vormals freundlicher Hund wird aggressiv. Der verschmuste Welpe sucht die Einsamkeit. Der verspielte Geselle ist zu keinem Spiel zu animieren. Der eher zurückhaltende Freund sucht plötzlich die Nähe des Menschen. All diese Verhaltensänderungen können auf Schmerzen und einen veränderten Gesundheitszustand Ihres Welpen und Junghundes deuten.

Ohrentzündung, gereizte Schleimhäute, Fieber, Blasenentzündung und Durchfall sind typische Erkrankungen, die einen jungen Hund ereilen können. Für den Besuch beim Tierarzt ist es hilfreich, wenn Sie sich eine kleine Checkliste parat legen.

Kleinere Blessuren können Sie durchaus mit Ihrer Hausapotheke lösen – ganz wie bei Ihren Kindern.

Apfelessig, Honig & Co.

In der Küche eigentlich eher für den Salat gedacht, aber als Allround-Hausmittel absolut spitze: **Apfelessig**. Ein Spritzer davon ins Trinkwasser oder Futter versorgt Ihren Kleinen mit Vitaminen und Mineralstoffen. Außerdem stärkt es sein Immunsystem und regt den Stoffwechsel an. Bürsten Sie Ihren Hund ab und zu mit einer mit Apfelessig befeuchteten Bürste, werden Sie überrascht sein, wie sein Fell danach glänzt. Zudem lösen sich so Staub sowie Schuppen oftmals besser aus dem Haarkleid. Das wiederum vermindert auch eventuellen Juckreiz. Apfelessig desinfiziert sogar die Hundebürste. Leidet der Vierbeiner unter Flohbefall, vertreiben Sie die Plagegeister durch das Besprühen des Fells nach dem Baden. Dazu vermengen Sie 1 Teil Essig mit 2 Teilen Wasser. Zur Vorbeugung kann man im

Gesundheits-Check

- [ ] Sind Atmung, Puls und Körpertemperatur im Normalbereich? (gesunder Welpe Atmung: 20- bis 50-mal/Minute, Puls: 80–130 Schläge/Minute, Normaltemperatur: 38,5–39,5 °C)
- [ ] Sind die Schleimhäute eher blass oder doch dunkelrot?
- [ ] Sind die Augen (Augenlider) trüb oder eher verklebt?
- [ ] Ist sein Fell glänzend und dicht oder matt und schuppig?
- [ ] Kratzt sich Ihr Hund?
- [ ] Gibt es Ausfluss – an Nase, Maul, Ohren, After, Vorhaut/Scheide?
- [ ] Stinkt Ihr Welpe aus dem Maul oder den Ohren?
- [ ] Sind Appetit und Durst normal?
- [ ] Sind Kot- und Urinabsatz normal?
- [ ] Bewegt sich Ihr Welpe frei oder lahmt er?

Handschuhen und Korb „bewaffnet", gerne selber sammeln. Allerdings bitte nicht unmittelbar neben einer Straße und vielleicht auch nicht unbedingt an einer Hunde-Gassi-Rennstrecke. Je nach Größe Ihres Vierbeiners geben Sie 1–2 Esslöffel getrocknetes Kraut oder Absud ins Futter. Eine Abreibung mit einem Brennnesselsud stoppt Schuppen und bringt Glanz ins Fell.

Joghurt hilft oft gegen Blähungen. Geben Sie 1–2 Esslöffel ins Futter. Durch den Joghurt bilden sich weniger Gase und somit weniger unangenehme „Winde".

Gesunder Helfer in der Not: **Sauerkraut**. Hat der vierbeinige Wirbelwind einen kleinen Fremdkörper verschluckt, hilft dieses alte Hausmittel, diesen durch den Darm zu schleusen. Sauerkraut „umwickelt" den Fremdkörper und so „eingepackt" kann auf dem Weg nach draußen nichts mehr passieren. Die meisten Hunde finden Sauerkraut übrigens so lecker, dass sie es pur fressen. Sie können es aber auch mit gekochter Pute oder Gemüse mischen. Sauerkraut enthält die Vitamine A, C und K sowie wichtige Mineralstoffe, es ist gut für die Verdauung und vor allem bei Verstopfungen ein gutes Mittel. Bei Unsicherheit, ob Ihr Welpe den Fremdkörper auf diesem Weg wirklich wieder ausgeschieden hat – ab zum Tierarzt!

Durchfall-Stopp

Bei Durchfall helfen gekochter Reis und ein bisschen Hühnchenfleisch ohne Knochen. Da gerade Welpen bei Durchfall schnell dehydrieren, achten Sie bitte auf eine ausreichende Flüssigkeitsaufnahme. Pimpen Sie das Trinkwasser gern mit ein wenig Brühe oder Honig auf. Dauert der Durchfall länger als zwei Tage, wird blutig oder der kleine Kerl bekommt zusätzlich Fieber – ab zum Tierarzt!

Sommer eine Mischung aus 1 Teil Apfelessig und 2 Teilen Wasser täglich auf das Fell sprühen.

Noch ein Allround-Wundermittel: **Honig**. Er enthält viele Vitamine, Mineralien sowie Enzyme – liefert wertvolle Energie und gleicht so manche Mangelerscheinung aus. Sie können ihn Ihrem Welpen bei Atemwegserkrankungen vom Löffel schlecken lassen oder ins Futter geben (z. B. Fenchelhonig). Da Honig natürlich auch einen hohen Zuckeranteil enthält, bitte nur in Maßen – bei akuter Erkältung reichen 2–3 Teelöffel am Tag.

Ein Highlight aus der Phytomedizin: **Brennnesseln**. Sie können bei Allergien, Juckreiz, Fell- und Hautproblemen oder auch Schuppen helfen und sind reich an Vitamin C, Mineralsalzen und dem Provitamin A. Das Chlorophyll wirkt zudem stoffwechselfördernd, hilft bei der Blutbildung und regt die Drüsentätigkeit an. Verwendet werden die jungen Pflanzen, frisch abgekocht oder getrocknet. Mit

Zum Weiterlesen

Sie möchten rund um die Themen Gesundheit, Erziehung, Spiel und Spaß noch mehr erfahren – hier werden Sie fündig.

Bücher

Actun, K.: **Dein Hund braucht dich!** Durch souveräne Führung zum entspannten Hund. Verlag Eugen Ulmer, 2016

del Amo, C.: **Die neue Spaßschule für Hunde.** Spielen, tricksen, clickern. 3., aktualisierte Auflage. Verlag Eugen Ulmer, 2016

del Amo, C.: **Welpenschule.** 3., überarbeitete Auflage. Verlag Eugen Ulmer, 2010

Busch, M.: **Taschenatlas Pflanzen für Heimtiere.** Gut oder giftig? 2., aktualisierte Auflage. Verlag Eugen Ulmer, 2014

Eick, H. M.: **So werden wir ein Team.** Entspanntes Hundetraining für den Alltag. Verlag Eugen Ulmer, 2016

Eick, H. M.: **Fit mit meinem Hund.** Das Sportprogramm für die Gassirunde. Verlag Eugen Ulmer, 2015

Joachim, K.: **Mit meinem Welpen die Welt entdecken.** Fit fürs Leben drinnen und draußen. Verlag Eugen Ulmer, 2014

Jakob, A.: **Hundespiele für zu Hause.** Denksport, Tricks und Spiele. Verlag Eugen Ulmer, 2013

Lehne, A.: **Zeitgemäße Jagdhundeführung: Im Alltag und im Revier.** Verlag Oertel & Spörer, 2012

Lenz, C./Schnepper, C.: **Lernspiele für Welpen.** Spielerische Grunderziehung für junge Hunde. Verlag Eugen Ulmer, 2016

Ohl, F.: **Körpersprache des Hundes.** Ausdrucksverhalten erkennen und verstehen. 3., aktualisierte Auflage. Verlag Eugen Ulmer, 2013

Pryor, K.: **Don't Shoot the Dog!** Interpet Publishing, 2002

Voigt, K.: **Mein Hund kann alles lernen.** Stubenrein werden, an lockerer Leine gehen, freudig zurückkommen, alleine bleiben. Verlag Eugen Ulmer, 2016

Weiß, C.: **Hundespiele für unterwegs.** Denksport, Tricks und Spiele. Verlag Eugen Ulmer, 2015

Yin, Dr. S.: **How to Behave so Your Dog Behaves.** TFH Publications, Inc., 2010

Zentek, J.: **Hunde richtig füttern.** 3. Auflage. Verlag Eugen Ulmer, 2012

Klicks im WWW

Giftdatenbank der Uni Zürich:
www.vetpharm.uzh.ch/perldocs/index_x.htm

Tierregistrierung:
www.tasso.net
www.tierregistrierung.de
www.registrier-dein-tier.de

Ständige Impfkommission (STIKO):
http://www.rki.de/DE/Content/Kommissionen/STIKO/stiko_node.html

Verband für das Deutsche Hundewesen:
www.vdh.de

Website der Autorin Hester M. Eick:
www.hestereick.de

Dankeschön ...

... der Autorin: Mein ganz besonderer Dank gilt, wie immer, meiner Frau Nadine. Es ist mir jeden Tag eine Freude, unseren Alltagsabenteuern gemeinsam mit ihr und unserem Rudel zu begegnen. Vielen Dank an meine Teams – ein Trainer ist nur so gut wie seine Schüler. Außerdem danke ich all jenen Hundebesitzern, die sich auf ihren Hund einlassen und ihn als solchen respektieren und annehmen. Ich danke der Fotografin Silke Klewitz-Seemann für ihre unermüdliche Ausdauer, neue Mensch-Hund-Teams für ein Shooting zu interessieren – und dann auch noch auf die vielen perfekten Momente zu warten. Ein ebensolcher Dank gilt der Illustratorin Christina Diederich – ich bin immer sprachlos, wenn jemand ‚tausend Worte' mit wenigen Strichen ersetzen und prägnant darstellen kann. Und sicherlich würde das Buch nicht so sein wie es jetzt ist, gäbe es meine Lektorin Gabi Franz nicht, die immer wieder kritisch hinterfragt und mit Leidenschaft dabei ist. Mit einem solchen Team zu arbeiten ist großartig!

... der Fotografin: Mein herzlicher Dank gilt allen Hunde- und Menschenmodels, die zur Bebilderung dieses Buches beigetragen haben. Für ganz besonderen Einsatz danke ich Aloha mit Cordula Weiß, Familie Munk, Lucky mit Chiara und Chuck mit Melanie. Des Weiteren danke ich dem Wildpark in Bad Mergentheim, dass ich deren beeindruckendes Wolfsrudel fotografieren und die Bilder für dieses Buch verwenden durfte.

... der Illustratorin: Mein Dank gilt meinen Kindern Greta, Mia und Tom sowie meinem Irish Setter Ida – alle vier sind Quelle unerschöpflicher Inspiration.

Kurz vorgestellt

Die Autorin **Hester M. Eick** beschäftigt sich seit über 20 Jahren mit der Verhaltensberatung und dem Training von Menschen und Hunden. Neben Schule, Studium und Beruf war sie stets sportlich aktiv und interessiert an Kommunikationsformen und Psychologie. Ein Hauptanliegen ihres Unterrichts ist es, bewährte und neue wissenschaftliche Erkenntnisse praxisnah für den individuellen Alltag einzusetzen. Die Autorin ist Tante von zahlreichen Nichten und Neffen und gibt Hunde-Trainingskurse speziell für Kinder.

Die Fotografin **Silke Klewitz-Seemann** lebt ihren Beruf seit vielen Jahren mit Leib und Seele. Ihr Arbeitsschwerpunkt liegt in der Tierfotografie. Mit ihrer Familie und zahlreichen Tieren ist sie auf einem alten Bauernhof in Baden-Württemberg zu Hause.

Die Illustratorin **Tine Diederich** lebt mit Mann, Hund und drei Kindern in Göttingen. Die studierte Textil-Designerin illustriert Kinderbücher, entwirft Teller und Stofftiere und zeichnet auf ihrem Blog ihren bewegten Alltag (ateliercarli.blogspot.de).

Glossar

Sie haben einen Begriff im Ohr und möchten noch einmal rasch nachlesen, was er bedeutet? Die wichtigsten der im Buch genannten finden Sie hier erklärt.

Abbruchsignal: Ein Signal, mit dem einem Gegenüber vermittelt wird, dass er das, was er gerade macht, ab sofort unterlassen soll – und dieser das idealerweise nie wieder tut.

Beißhemmung: Die Fähigkeit eines Hundes zur Kontrolle der Beißintensität. Diese Fähigkeit wird von den Welpen allmählich durch das Spielen mit seinen Geschwistern erlernt. Wir Menschen müssen, da wir kein Fell besitzen, dieses ebenfalls unserem Welpen nochmals beibringen.

Belohnung: Bei einer Belohnung handelt es sich um einen Reiz oder auch um eine Handlung, die den Anreiz dafür liefert, ein bestimmtes Verhalten zu wiederholen. Im Hundetraining können dies sein: Futter, ein Spiel mit einem Hundekumpel, der Sprung ins kühle Nass, eine Streicheleinheit, …

Dominanz: Ein Individuum wird als dominant bezeichnet, wenn es das Verhalten von einem oder mehreren anderen Individuen beeinflussen und kontrollieren kann.

Fehlervermeidung: Die Idee ist, eine Lernsituation von vornherein so zu gestalten, dass der Hund nur das Richtige erlernen kann. Auf diese Weise werden Fehler vermieden (= unerwünschtes Verhalten), die wir im Nachhinein wieder umtrainieren müssen.

Impulskontrolle: Hierunter wird in der Psychologie die bewusste und erwünschte Kontrolle eigener Gefühle verstanden. Eine Störung derselben ist dadurch definiert, dass das Lebewesen unter einem unangenehmen Spannungszustand leidet. Diesen versucht es, mit impulsivem Verhalten aufzulösen. Solche Handlungen wiederholen sich dabei vorwiegend unmotiviert. Meist wird das impulsive Verhalten zwanghaft und automatisiert ausgeführt.

Opportunist: Jemand, der sich aus Nützlichkeitserwägungen schnell und bedenkenlos der jeweils gegebenen Lage anpasst. Hunde werden als Opportunisten bezeichnet, da sie sich für das Verhalten entscheiden, das für sie selbst am besten ist.

Pubertät: Als Pubertät bezeichnet man die Phase zwischen Kindheit und Erwachsenenalter, in der es zu tiefgreifenden psychischen und körperlichen Veränderungen kommt. Die sekundären Geschlechtsmerkmale werden ausgeprägt, Geschlechtsreife sowie Wachstumsschübe treten ein.

Reiz: Eine innere oder auch äußere Einwirkung, z. B. Wärme, Druck, Schmerz, …, auf eine Sinneszelle, wodurch diese zu einer Reaktion gebracht wird. Der Reiz wird auch als Stimulus bezeichnet. Erst durch das Zusammenspiel von Reiz und Reaktion werden Lernprozesse in Gang gesetzt.

Sanktion: Eine gegen jemand anderen gerichtete Maßnahme zur Erzwingung eines bestimmten Verhaltens oder zur Bestrafung.

Selbstbelohnendes Verhalten: Ein Verhalten, das das innere Belohnungssystem eines Hundes direkt anspricht. Dies trifft auf die meisten Sequenzen im Jagdverhalten zu – aber auch auf den Hund, der am Gartenzaun bellt und damit vermeintlich den Postboten vertreibt.

Soziale Dominanz: Hierunter wird die Durchsetzung eines Tieres gegen einen Artgenossen an einer bestimmten Ressource und zu einem bestimmten Zeitpunkt verstanden. Sie ist weder eine angeborene Eigenschaft noch beschreibt sie ein „Dauerverhalten" eines Tieres.

Stimulus: Siehe Reiz

VDH: Der Verband für das Deutsche Hundewesen (VDH) ist der größte Dachverband für Hundezucht und Hundesport in Deutschland. Er ist der deutsche Mitgliedsverband der Fédération Cynologique Internationale (FCI), des größten internationalen Dachverbands.

Verleitung: Mit dem Begriff der Verleitung werden Reize während des Lernvorgangs bezeichnet, die vom zu Lernenden ablenken (sollen).

Verstärkung: Das Erlernen neuer Verhaltensweisen erfolgt bevorzugt durch Verwendung positiver Verstärker. Diese können angenehme Konsequenzen sein wie etwa Lob, Streicheln, … (siehe auch Belohnung).

Schnell nachgeschlagen

A

Abbruchsignal, körpersprach-
lich 97
Abbruchsignal, verbal 74, 96
Aggressivität 18, 58, 61, 165,
180, 186
Alleine sein können 48, 88
Allergien 176
Alltagschaos 108
Alltagsplanung 20, 21, 38, 48,
108, 120
Alltagsregeln 74
Alphahund 158
Angst 121
Angst vor Hunden 115, 116
Atemwegserkrankungen 187
Auflösesignal 74
Aufzucht 22
Ausbildung, Hilfsmittel 106
Auswahlkriterien Welpe 19
Auto 21, 39, 59

B

Begrüßen von Hunden 52
Beißhemmung 48, 113
Belohnung 71, 73, 120, 170
Belohnung, Jackpot 170
Beutetausch 62
Bezugsperson 45, 91
Bindung 39
Bindungsaufbau 61
Bitte sagen 46, 76
Blähungen 187

C

Charakter 11, 19

D

Decke 30, 35, 84
Dominanz 158
Dominanz, soziale 161
Dominanztheorien 159, 160
Dummy 98
Durchfall 34, 187

E

Entspannung antrainieren 148
Entwurmung 18, 181
Erbrechen 34
Ernährung 170
Ernährungsberatung 23, 176
Erstausstattung Welpen 30
Erziehung 66

F

Fahrrad 82, 118
Familienhund 11, 17, 19
Fehlervermeidung 35, 106, 122
Festgebunden sein 48, 86
Flohbefall 187
Freilauf 103
Fremdkörper geschluckt 187
Frust, Kind 41, 45, 108
Futtermenge 171
Futterumstellung 171
Fütterung 170
Fütterungsmethoden 172
Fütterungsrituale 170
Futterzeiten 170

G

Geborgenheit 22
Generalisierung 67
Geschirr 106, 125
Gestik 163
Gesundheits-Checkliste 186
Gifte 35
Grenzen setzen 61, 83, 148, 149
Grundlagen, Ausbildung 74
Grundübungen 74, 76, 78, 80,
82, 84, 86, 88, 90, 92, 94, 96,
98, 100, 102, 104

H

Habituationsphase 28
Halsband 106
Hausregeln, Welpe 46, 54
Hausregeln, Zweibeiner 51
Haustiere, weitere 60

Hobbyzucht 17
Hundebox 30, 34, 75, 84, 112,
118
Hundebox, Training 89
Hundehaftpflichtversiche-
rung 25
Hundekorb 31, 35, 84
Hunderassen 10, 17
Hundesteuer 25

I

Impfschema 181
Impfung 18, 181
Impulskontrolle 47, 76, 78, 96,
99, 113, 115, 131, 141

J

Juckreiz 186, 187
Junghund 28, 58, 88, 91, 106,
118, 146, 170, 178
Junghundphase 28, 106

K

Kaufvertrag 19
Kinderwagen 82, 102
Knurren am Napf 112, 163
Konditionierung 68
Körperhaltung 97, 165
Körperpflege 179
Körpersprache 101, 149, 163

L

Leinenführigkeit 68, 105,
119
Lernen 66
Lernmechanismen 70
Lernmechanismen, Praxis 73
Lernpsychologie 121

M

Mimik 164
Mischling 17
Mitleid 61

N

Nasenspiele 136, 142
Neugeborenenphase 26
Nicht Hochspringen 47, 80
Nichts vom Boden nehmen 47

P

Pflege 178
Pflege, alltägliche 179
Pflege, mit Kindern 184
Pieselpfütze 70, 115
Platz 94
Prägung 67
Pubertät 29, 146

R

Radtour 118
Rassehund 17
Regeln 46, 120, 161
Regeln, Familienrat 51
Regeln, Füttern 184
Regeln, Spiel 62
Reinigungsmittel 35
Reizüberflutung 88, 91
Respekt 121

S

Säugling 154
Schlaf 22, 23, 41, 113
Schlafplatz 30, 41
Schleppleine 90, 106
Schokolade 116
Schwangerschaft 154
Signal 74
Sozialisierung 58
Sozialisierungsoptionen 58
Sozialisierungsphase 28
Spaziergang 104
Spaziergang, Dauer 24
Spielen 31, 49, 61
Spielplatz 115
Spuck's aus 62
Strafe 71, 120
Stubenreinheit 30, 115

T

Tabu 57, 130
Tabubruch 120
Tabuzone 54, 115, 149
Tagesablauf 21
Tierarzt 18, 25, 186
Tierklinik 25
Tierschutz 17
Trainingsaufbau 75

U

Übergangsphase 27
Übungen für Kids 44, 124–134,
136–144
Umweltreize 58
Urlaub 23

V

VDH 17
Verstärkung 72

W

Warten 46, 78
Welpe abholen 39
Welpe, Eingewöhnung 40
Welpenentwicklung 26
Welpenschule 25, 68
Welpenschutz 61
Welpe zwickt Kind 113
Wölfe 158
Wurfkiste 19, 22, 26, 35

Z

Zahnwechsel 31
Zecken & Co. 181
Zerrspiele 61, 62
Züchter 17, 19, 25, 35, 172

Bildquellen

Die Fotos im Innenteil stammen alle von Silke Klewitz-Seemann, mit Ausnahme der folgenden:
Andrew Burgess/Shutterstock.com S. 31 u.; Andrey_Kuzmin/Shutterstock.com S. 80; ARTSILENSE/Shutterstock.com S. 124; Charles Brutlag/Shutterstock.com S. 138/139; Eric Isselee/Shutterstock.com S. 30; Ermolaev Alexander/Shutterstock.com S. 64/65; Fotyma/Shutterstock.com S. 106; GOLFX/Shutterstock.com S. 140; Grzegorz Petrykowski/Shutterstock.com S. 31 o.re.; Heike Schmidt-Röger S. 14 li., 14 re., 138, 151; Jana Mackova/Shutterstock.com S. 15 li.; Jana Oudova/Shutterstock.com S. 15 re.; mauritius images S. 13 li., 144; momopixs/Shutterstock S. 135; otsphoto/Shutterstock.com S. 176/177; Pixel Memoirs/Shutterstock.com S. 127; Ric Photography/Shutterstock.com S. 12 re.; Richard Peterson/Shutterstock.com S. 31 o.li.; Rita Kochmarjova/Shutterstock.com S. 8/9; Soloviova Liudmyla/Shutterstock.com S. 59 li.; vaivirga/Shutterstock.com S. 186; White studio/Shutterstock.com S. 128

Titelbild: Nina Buday/Shutterstock.com
Die Illustrationen zeichnete Tine Diederich.

Impressum

Bibliografische Information der Deutschen Nationalbibliothek
Die Deutsche Nationalbibliothek verzeichnet diese Publikation in der Deutschen Nationalbibliografie; detaillierte bibliografische Daten sind im Internet über http://dnb.d-nb.de abrufbar.

© 2017 Eugen Ulmer KG
Wollgrasweg 41, 70599 Stuttgart (Hohenheim)
E-Mail: info@ulmer.de
Internet: www.ulmer.de

Lektorat: Gabi Franz, Kathrin Gutmann
Herstellung: Ulla Stammel
Umschlagentwurf, Satz und Gestaltung: Anette Vogt, red.sign, Stuttgart
Druck und Bindung: aprinta Druck, Firmengruppe APPL, Wemding
Printed in Germany

ISBN 978-3-8001-0918-0